LISA RÖCKENER

IN ZUSAMMENARBEIT MIT
GUDRUN BRAUN

MEINE PFERDE — HACKS

MIT KOSMOS MEHR ENTDECKEN

100

TIPPS & TRICKS

SEIT 1822

KOSMOS

INHALT

TIPPS & TRICKS

STALL & EQUIPMENT

DAS IST MEIN HERZENSPFERD VITE VALOO

Der Hannoveraner-Wallach gehört zu mir, seitdem er drei Jahre alt ist. Ich bilde Valoo vielseitig aus. Er ist mein strahlender und verlässlicher Charmingboy auf Turnieren und in den Shows.

Was gibt's im Stall zu tun?

Ich bin jeden Tag im Pferdestall! Und das, seitdem ich ein kleines Mädchen bin. In diesem Hacks-Buch findest du jede Menge Tipps, Tricks und DIYs, die mich durch meinen Tag begleiten. Ich freue mich, wenn sie dein Reiterleben bereichern.

ABSCHWITZDECKEN

Vor allem im Winter empfehlen sich zum Warm- und Trockenreiten Abschwitzdecken, die aus feuchtigkeitsableitenden Materialien bestehen. Die Decke schützt das Pferd vor Zugluft, vor und nach dem Reiten. Es gibt Abschwitzdecken von vielen Herstellern und in allen Preiskategorien von 20 bis über 200 Euro.

Hacks

Größe: Die Rückenlänge vom Widerrist bis zum Schweif zählt. Besser eine Nummer zu groß als zu klein kaufen.
Material: Die Decke – ob aus Mikrofleece, Baumwolljersey oder Acryl – sollen in der Maschine waschbar sein.
Gurte: Wenn die Decken beim Reiten benutzt wird, sollte sie keine oder abnehmbare Riemen für den Bauch haben, da diese herunterbaumeln und dadurch ein Sicherheitsrisiko sind.
Farbe: Es gibt Decken in allen möglichen Farben und Mustern. Ein buntes Fleece fällt auf und macht es dir leicht, deine Decke wiederzufinden.
Waschen: Die Decken lassen sich bis zu 30° waschen. Colorwaschmittel empfiehlt sich. Bitte auf die Pflegehinweise achten.
Umweltschutz: Bei jeder Wäsche verliert die Decke unzählige Mikrofasern. Also solltest du die Decke wirklich erst waschen, wenn es dringend nötig ist. Es gibt Waschbeutel, die den Stoff bei der Wäsche vor Abrieb schützen und Flusen und Fasern auffangen. Nanopartikel im Wasser können sie nicht verhindern, aber es ist ein kleiner Beitrag für die Umwelt.
Haare entfernen: Ich schüttle die Decken regelmäßig aus und entferne Haare mit einer weichen Bürste oder einer Kleiderfusselrolle – das empfiehlt sich vor allem vor dem Waschen.

Praktische Decken-Halter fürs Aufbewahren und Trocknen

AUSMISTEN LEICHT GEMACHT

Jeden Tag werden bei uns die Boxen und die Paddocks vom Pferdemist befreit. Wir wechseln uns ab, meine Eltern, mein Bruder und ich. Warum ist es wichtig, die Pferdeäpfel von der Weide, vom Paddock und aus dem Stall zu entfernen?

1.

Zum Abäppeln auf den Paddock benutze ich einen Mistboy mit Rechen. Beide Geräte haben körpergerecht lange Stiele.

2.

Die zweirädrige Schubkarre ist voll beladen leicht zu bewegen. Das Schieben erfordert nicht so viel Kraft wie mit einer einrädrigen Karre.

Hacks

Hygiene: Im Mist vermehren sich unewünschte Keime und Bakterien, da es darin warm und feucht ist. Auch Parasiteneier und -larven werden über liegengebliebenen Mist von Pferd zu Pferd verbreitet.

Geilstellen: Pferdeäpfel erhöhen den Nährstoffeintrag und fördern dadurch unerwünschten Pflanzenwuchs. Außerdem meiden Pferde instinktiv Geilstellen. Nehmen Mist- und Geilstellen auf der Weide überhand, werden die Pferde sozusagen gezwungen, Gräser zu fressen, die sie lieber meiden würden.

Fliegen: Pferdeäpfel locken Fliegen an, vor allem im Stall ist das ein nerviges Problem.

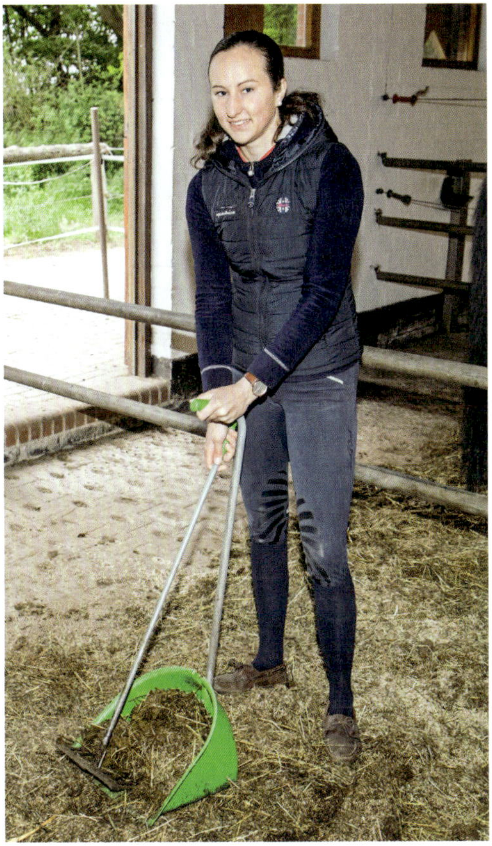

3.

Im Offenstall haben wir mit Hanfeinstreu sehr gute Erfahrungen gemacht. Es ist staubarm, absorbiert Feuchtigkeit und Gerüche.

4.

Zum Misten nehme ich immer den Mistboy, bei großen Stellen eine Schüppe.

5.

Die Schubkarre – auch Kippjapaner genannt – hat ein Gelenk zum Abkippen, so kann ich den Mist komplett ausleeren.

AUFBEWAHREN

Ich bin ein Aufräumfreak! Bei mir kann es gar nicht ordentlich und sauber genug sein. Diverse Ideen für die Aufbewahrung meines Equipments haben sich bewährt. Zum Beispiel große Boxen und Minikommoden mit Schubladen, die es beim bekannten schwedischen Möbelhaus zu kaufen gibt. Wir haben in der Sattelkammer ein hohes Regalbrett angebracht, auf das die größeren Boxen genau passen.

In die Boxen kommen zum Beispiel Gamaschen, Fliegenhauben, Gebisse und Zügel.

Die Schubladen sind mit extra Kästchen unterteilt, nehmen die Pflegemittel und Arzneimittel auf, aber auch meine Sporen und Stollen für die Hufeisen finden darin ihren Platz. Ich freue mich, wenn ich meine Sachen schnell finden kann und sie sauber aufbewahrt sind. So hat alles seinen festen Platz

1 Die Boxen für das größere Equipment

2 Gamaschen finden darin ihren Platz

3 Die Minikommode mit den Schubladen

1

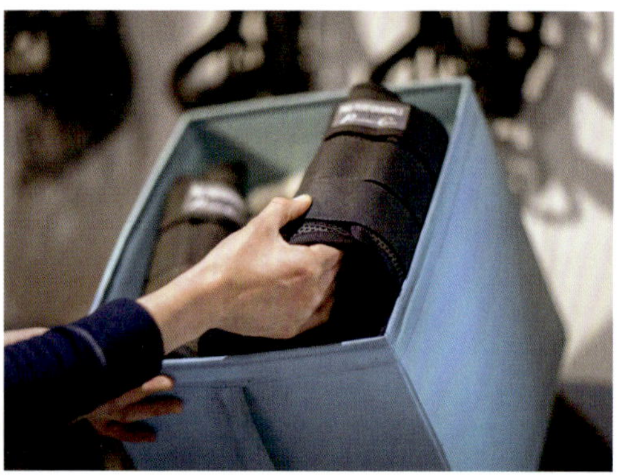

2

3

BANDAGEN & GAMASCHEN

Schön aufgereiht – Valoos Bandagen. In diese Drahthalterungen passen sie perfekt. Ich rolle sie nach jeder Benutzung ordentlich auf, auch nach dem Waschen und Trocknen. Noch ein Wort zum Bandagieren: Eine wissenschaftliche Studie hat ergeben, dass das Bandagieren die Durchblutung und die Propriozeption, also das Lagegefühl des Pferdes, beeinträchtigen kann. Ich nutze Bandagen vor allem für die Showauftritte und Turnierbesuche und lasse sie im täglichen Training eher beiseite. Beim Geländetraining benutze ich feste Geländegamaschen, die die Sehnen schützen.

Hacks

Aufrollen: Am Bandagenende mit dem Klettverschluss (Klett auf Klett) beginnen und darauf achten, dass er auf der Außenseite ist. Ohne Faltenbildung und möglichst eng aufwickeln.

Gelände-Gamaschen: Schützen die Beine und Sehnen durch eine Carbonverstärkung vor Schlägen oder Stößen. Sie müssen sehr gut passen, damit sie nicht scheuern. Wichtig ist, dass die Gamaschen atmungsaktiv sind, damit die Sehnen nicht überhitzt werden.

Anlegen: Beim Anlegen unbedingt darauf achten, dass die Gamascheninnenseiten sauber sind, damit keine Scheuerstellen durch Dreck entstehen. Sofort nach dem Ritt abnehmen, so wird Überhitzung vorgebeugt.

1

2

1 Bandagen in den Wandhaltern, die es im Reitsporthandel gibt.

2 Fusseln im Klettverschluss lassen sich mit einem kleinen Drahtkamm entfernen.

Die Fliegendecke schützt den Rumpf sowie Schweifrübe und Mähnenkamm.

Unsere Bremsenfalle steht außerhalb der Weide.

BREMSENFALLE

In unserer Gegend gibt es im Sommer zahllose Bremsen, die echt lästig sind. Wir nutzen seit einigen Jahren erfolgreich eine giftfreie Möglichkeit, die Zahl der Blutsauger und ihre Angriffe auf die Pferde zu verringern. Das Prinzip der Bremsen-Falle: Sie imitiert mit ihrer Form einen Pferdekörper und der schwarze Ball wird im Licht schnell warm, dadurch werden die Bremsen angelockt.

Die Insekten versuchen, in den schwarzen Ball zu stechen, was ihnen nicht gelingt. Da Bremsen stets nach oben losfliegen, werden sie im Netz gefangen. Sie kriechen weiter nach oben und fallen in den Auffangbehälter, der mit Seifenwasser gefüllt ist.

Hacks

Aufstellen: Die Bremsenfalle sollte in der Nähe der Pferde stehen, aber so, dass die Pferde den Ständer nicht umwerfen oder das Netz anknabbern können.

Bremsenzeit: Von April bis August sind die weiblichen Tiere unterwegs, um Blut zu saugen.

Behälter leeren: Den Auffangbehälter regelmäßig leeren und mit Seifenwasser neu befüllen. Am besten einen Spritzer flüssige Grüne Seife verwenden.

Matthes und Dealer auf dem Weg von der Weide zum Stall.

FLIEGENDECKEN

Fliegendecken gibt es seit einigen Jahren in vielen Varianten. Sie sind nützliche Helfer, um das Pferd vor Bissen und Stichen zu schützen. Vor allem für Tiere, die allergisch auf Insektenstiche reagieren, ist dies wichtig. Aber auch allen anderen Pferden kann man es ersparen, dass nervige Insekten die Augen, die Ohren oder den Bereich der Genitalien befallen. Nicht selten entstehen Augenentzündungen, wenn sich zu viele Fliegen am Auge sammeln.

Hacks

Ganzkörper: Auf die richtige Passform achten – es gilt die Rückenlänge vom Widerrist bis zum Schweif (Seite 53). Die Fliegendecke sollte weiche Bündchen haben, die nicht am Fell scheuern.

Ohren: Manche Pferde mögen keine Fliegenhauben, die über die Ohren gehen. Also teste, wie dein Pferd reagiert. Auf hochwertigen Klettverschluss oder dehnbare und fellfreundliche Gummibündchen beim Kauf Wert legen.

Kopf: Es gibt Kopfhauben, die nur die Augen schützen bis hin zu Modellen, die Ohren und Nasenlöcher abdecken.

UV-Schutz: Sonnenschutz-Material kann für hellhäutige Pferde sinnvoll sein.

EINSTREU IM STALL

MATERIAL	MENGE/BOX	VORTEILE	NACHTEILE
STROH			
Weizen / Gerste	ca. 40 – 50 kg	regional erhältlich, Raufutter für das Pferd	Staubbelastung, hoher Platzbedarf für Lagerung
SPÄNE			
Weichholz	ca. 120 kg	bindet Feuchtigkeit und Geruch, für Allergiker und Diät geeignet	schwer kompostierbar, Entsorgung schwierig
PELLETS			
Weizenstroh	ca. 120 kg	bindet Feuchtigkeit und Geruch, keimfrei, kompostierbar	Grundeinstreu muss angefeuchtet werden
PELLETS			
Miscanthus / Chinagras	ca. 100 kg	bindet Feuchtigkeit und Geruch, für Allergiker geeignet	keine einheimische Pflanze, Grundeinstreu muss angefeuchtet werden
HANF			
Flachs	ca. 120 kg	bindet Feuchtigkeit, Ammoniak und Geruch, wird nicht gefressen (Diät)	

1

2

1 Das Blech an den Leitungen isoliert und schützt die Rohre.

2 Die Selbstränke auf dem Paddock ist mit einem Schaumstoffrohr isoliert.

FROSTSCHUTZ

Wenn im Winter Minusgrade herrschen, frieren Wasserrohre und Selbsttränken ein. Um dem vorzubeugen, haben wir die Rohre zu den Selbsttränken mit einer selbstregulierenden Rohrheizung ausgestattet. Sie springt an, wenn zu tiefe Temperaturen es erfordern. Die Drähte sind isoliert und das Rohrsystem wird durch einen Blechschutz vor Tritten oder Verbiss geschützt.
Auch die Selbstränken, die auf den Paddocks stehen, haben dieses Heizsystem. Die Zuleitungsrohre sind frostsicher in einem Meter Bodentiefe verlegt. Tiefer als 80 cm dringt bei uns Frost nicht in den Boden ein. Das System kann auch nachträglich installiert werden, aber sinnvoller ist es, es schon beim Stallbau einzuplanen.

TIPP

Pferde haben eine sehr gute Thermoregulation. In Wüstengegenden kann die Temperatur zwischen Nacht und Tag um 40 Grad schwanken, auch damit können Pferde sehr gut umgehen. Erst bei unter minus 10 Grad Celsius beginnt der Pferdekörper, zusätzliche Wärme zu produzieren.

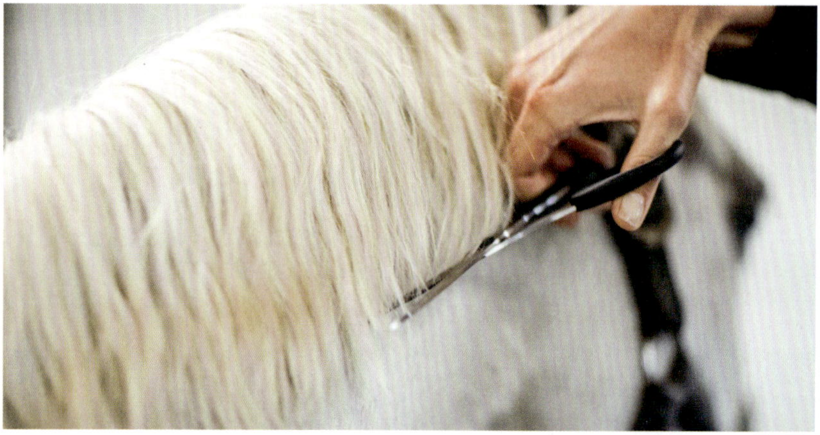

1

2

1 Eine stabile und scharfe Haarschneideschere erleichtert das Mähneschneiden.

2 Das Schweifende halte ich in der linken Hand und schneide die Spitzen gerade ab.

MÄHNE UND SCHWEIF SCHNEIDEN

Das Langhaar des Pferdes wächst wie Menschenhaar etwa einen halben Millimeter pro Tag, also etwa einen Zentimeter pro Monat. Bei unseren Pferden, die nicht in den Shows oder bei Turnieren starten, lassen wir Mähne und Schweif natürlich wachsen. Vor dem Schneiden solltest du Schweif und Mähne waschen (Seite 57). Die Mähne kannst du vor dem Schneiden mit einem Mähnenkamm verziehen, also ausdünnen, so sind Zöpfe leichter und gleichmäßiger zu flechten.

Valoos Schweif reicht bis kurz über die Fesselgelenke.

Hacks

Mähne: Das Geradeschneiden der Mähne geht nicht so leicht wie am Schweif. Ein gutes Augenmaß hilft. Soll die Mähne eingeflochten werden, empfiehlt sich mindestens eine Länge, die einer Handbreite entspricht.

Schopf: Den Schopf schneide ich nicht gerade, denn das sieht nicht schön aus. Ich lasse ihn in seiner natürlichen Form und Länge. Wer den Schopf einflechten möchte, kann ihn kürzen und auf eine Länge bringen.

Schweif: Sinnvoll ist das Schneiden, nachdem der Schweif gewaschen wurde, dann fällt er gleichmäßig. Man gleitet am Schweif herunter und fasst das Schweifende mit der Hand zusammen und schneidet die Spitze mit einer Schere gerade. Ich wähle für den Schweif eine Länge auf Höhe des Fesselgelenks.

Fesselbehang: Wenn dein Pferd einen starken Fesselbehang hat, kann es sinnvoll sein, ihn zu kürzen, damit er nicht den Boden berührt. Auch bei Pilzbefall oder Mauke sollte der Behang gekürzt werden, damit eine Behandlung möglich wird.

1

2

3

1 Frischer Pferdemist enthält auch unverdaute Getreide- und Grassamen.

2 Fünf Liter Pferdemist pro Quadratmeter Gartenboden wird als Düngermenge empfohlen.

3 Mistplatte: Für den Grundwasserschutz ist eine wasserundurchlässige Betonplatte Plicht.

MIST ALS DÜNGER

Pferdemist hat einen hohen Anteil an Pflanzenfasern, weil Pferde eher schlechte Futterverwerter sind. Aus Pferdemist wird also guter Humus und dieser weist ein ausgewogenes Nährstoffverhältnis für die Pflanzen auf. Trotzdem ist frischer Pferdemist nur für robuste Pflanzen wie Obstgehölze und Beerensträucher geeignet. Den frischen Pferdemist im Herbst oder Frühjahr in einer dünnen Lage direkt um die Pflanzen ausbringen. Unkompostierter Pferdemist sollte nicht in den Boden eingearbeitet werden oder in direkten Kontakt mit den Wurzeln kommen. Es kann passieren, dass unverdaute Haferkörner keimen. Kompostierter Pferdemist ist ein hervorragender Dünger auch für empfindlichere Pflanzen. Der Mistkompost sollte separat und nicht höher als einem Meter hoch aufgesetzt werden. Den Pferdemist mit Laub und gehäckseltem Strauchschnitt mischen. Nach circa einem Jahr ist der Mist komplett verrottet und der Kompost bereit zur Verwendung für die Bodenverbesserung und Düngung im Garten.

TIPP

Pro Tag fallen etwa 20 kg Pferdemist pro Pferd an, bei großen Pferden können es auch bis zu 50 kg sein. Pferde scheiden bis zu zwölf Mal am Tag Kot aus.

Spinnenweben und Staub fege ich mit dem Reisigbesen von den Wänden.

PUTZAKTION IN BOX & STALL

Es ist wichtig für die Gesundheit der Pferde, dass nicht nur die Einstreu in Ordnung gehalten wird – siehe Ausmisten leicht gemacht auf Seite 8/9 –, sondern auch der Rest des Stalls. Spinnenweben und Staub sind nicht gesund für die Pferdelunge, deshalb gilt es, den Stall rein zu halten. Für die großen Putz- und Streichaktionen sollten die Pferde nach draußen gestellt werden. Es macht mehr Spaß, wenn man diese Aktion mit allen Stallkollegen gemeinsam plant und durchführt. Und bitte darauf achten, dass die Putzmittel biologisch abbaubar sind. Nur im Fall von Krankheiten oder Parasitenbefall müssen es Desinfektionsmittel sein!

Wir halten den Boxenausgang von Einstreu frei, damit nicht zu viel davon auf das Paddock getragen wird.

Hacks

Decken und Wände: Etwa einmal im Monat mit einem Besen Spinnenweben und Staub entfernen.
Fenster, Läden und Stäbe: Fenster im Stall sollten mindestens einmal im Jahr geputzt werden. Sowohl Fenster- und Boxenläden als auch Gitterstäbe vertragen ebenfalls eine gründliche Reinigung.
Wände: Die Boxenwände werden bei uns einmal im Jahr geweißelt. Wenn ein neues Pferd in eine Box einzieht, sollten die Wände und der Boden komplett gereinigt werden, damit keine Krankheiten oder Parasiten vom Vorgänger übertragen werden können.
Einstreu: Einmal pro Vierteljahr tauschen wir die Einstreu komplett aus.

STIRNBAND HÄKELN

Wenn du Spaß an Handarbeiten hast, dann sind selbstgehäkelte Stirnbänder eine tolle Geschenk-Idee für deine Freunde. Und natürlich auch für dich selbst. Zuerst solltest du den Kopfumfang messen. Wenn du dich für eine Wolle entschieden hast, probiere, wie viele Maschen du anlegen musst, um den Umfang zu erreichen. Je nach Stärke der Wolle variieren Nadelstärke und Maschenzahl. Für Stirnbänder und Mützen eignet sich besonders gut das Muster mit halben Stäbchen.

Das dunkelblaue Stirnband passt genau zu meinem Outfit.

1.

Zuerst werden zwei Luftmaschen gehäkelt: in die erste Luftmasche eine feste Masche, in deren linke Schlaufe eine feste Masche und noch eine weitere feste Masche. So weiterverfahren, bis ein Band mit der gewünschten Maschenzahl entstanden ist. Lass dir von einer erfahrenen Häklerin helfen oder suche dir Anleitungen im Internet.

2.

Das Band wird mit einer Kettmasche zur Runde geschlossen. Jetzt häkelst du mit halben Stäbchen weiter. Sobald du die gewünschte Höhe erreicht hast, wendest du das Stirnband, häkelst eine Runde feste Maschen und schließt damit die Arbeit ab. Zum Schluss die Fäden vernähen. Fertig!

3.

Für die Bestimmung der Maschenzahl kannst du eine Probe häkeln und Länge und Breite abmessen.

SATTEL PFLEGEN

Ich liebe meine Sättel! Damit sie gut in Schuss bleiben, reinige und pflege ich sie regelmäßig. Auf jeden Fall gilt es, den Sattel mit Fett oder Öl zu behandeln, nachdem er nass geworden ist. Gute Erfahrungen habe ich mit den Produkten von B&E gemacht. Steigbügelriemen, Gurtstrippen und das Leder unterhalb der Sattelpolster werden nicht geölt oder gefettet, sondern nur gereinigt.

1.
Los geht's mit dem Säubern. Sattellage und alle anderen Teile wische ich mit dem Schwamm ab.

2.

Ich benutze einen normalen Haushaltsschwamm und sprühe den Leather Cleaner darauf.

3.

Der Sattel hat einen breiten Ledersattelgurt, den ich ebenfalls innen und außen mit dem Reinigungsmittel säubere.

4.

Zum Abschluss wird der Sattel mit einem Pflegemittel behandelt, das Kokosnussöl und Glycerin enthält. Das Leder wird dadurch weich und glänzend. Zum Abreiben einen separaten Schwamm verwenden!

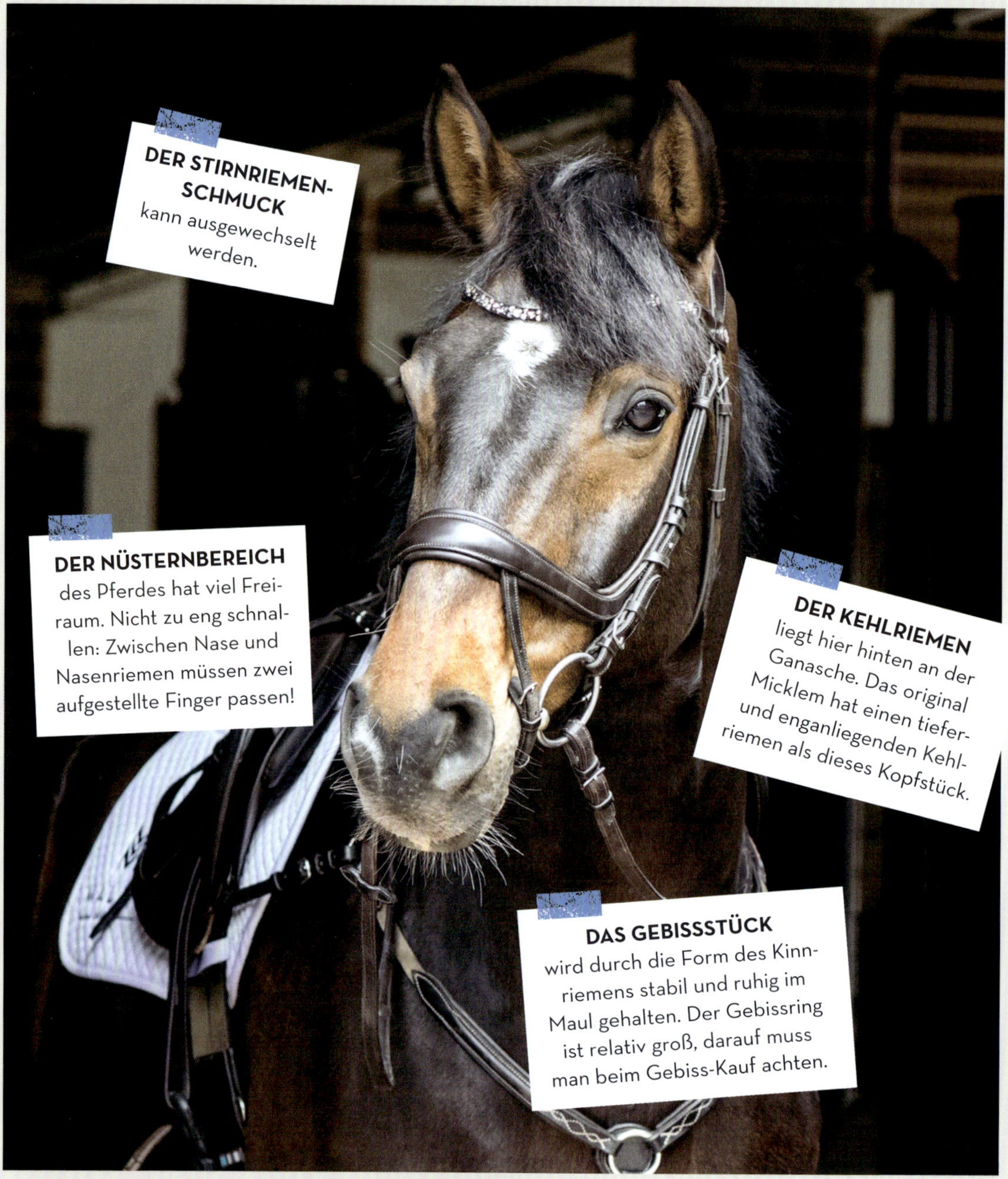

REITHALFTER

Ich benutze das Equitus-Beta-Reithalfter für Valoo. Ich habe gute Erfahrungen damit gemacht.

1

2

1 Das Gebissstück spüle ich gründlich unter fließend Wasser ab.

2 Ich habe ein extra Handtuch für das Zaumzeug, mit dem ich das Mundstück abtrockne.

GEBISSSTÜCK REINIGEN

Das Auswaschen des Gebissstücks nach dem Reiten ist eigentlich eine Selbstverständlichkeit. Aber manchmal wird es vergessen oder nur oberflächlich abgespült. Ich finde zu einem respektvollen Umgang mit den Pferden gehört es, den Pferden keinesfalls ein verklebtes Metallstück ins Maul zu legen.

Hacks

Gebiss: Ich benutze eine einfach gebrochene Wassertrense.
Breite: Um für den Kauf eines Gebissstücks die Breite des Mauls festzustellen, misst du am besten die Breite des Gebisses, das das Pferd bereits trägt oder probierst ein ausgeliehenes aus. Die Breite wird zwischen den Ringen bzw. Seitenteilen gemessen.
Stärke: Den meisten Pferden passt eine Stärke von 18 mm. Wenn du nur einen Finger in die Lade/Zahnlücke schieben kannst, ist ein dünneres Gebissstück nötig.
Zähne: Beim Auftrensen solltest du regelmäßig ein Auge auf die Zähne deines Pferdes werfen. Wenn dir auffällt, dass es das Gebiss nicht mehr gern ins Maul nimmt oder das Futter nicht mehr gut kauen kann, dann kann es sein, dass sich Zahnhaken gebildet haben. Das ist dann eine Aufgabe für den Tierarzt. Es ist generell empfehlenswert, die Zähne des Pferdes einmal jährlich kontrollieren zu lassen.
Winter: Wenn es richtig klirrend kalt ist, spüle ich das Gebissstück mit warmem Wasser ab, bevor ich auftrense, damit Valoo keinen „Eisblock“ ins Maul gelegt bekommt.

1

ZAUMZEUG PFLEGEN

Das Zaumzeug sollte regelmäßig gereinigt und eingefettet werden. Auch hierfür eignen sich die B&E-Produkte. Alle paar Monate nehme ich das Kopfstück komplett auseinander und pflege es gründlich. Täglich mache ich eine kurze Reinigung.

REGENDECKEN REINIGEN & FLICKEN

Regen- und Winterdecken müssen einiges aushalten, wenn sich die Pferde damit hinlegen und wälzen. So kann es vorkommen, dass nach einiger Zeit Risse oder Löcher entstehen. Auch wenn die Decken geflickt nicht mehr so toll aussehen, werden sie bei uns ausgebessert.

Hacks

Reinigen: Die Pferdedecken sind zu groß und zu schwer für die meisten Waschmaschinen. Es gibt Anbieter, die die Decken zum Reinigen abholen und sauber und trocken wiederbringen. Adressen gibt's bei den Stallkollegen oder im Internet.

2

1 Zuerst reinige ich die Trensenlederteile mit dem Cleaner.

2 Zweitens kommt die Pflege mit dem Leder-Conditioner, der imprägniert und Glanz erzeugt.

Trocknen: Wir haben Halterungen für die Decken in der beheizten Sattelkammer. Siehe dazu auch das Thema Abschwitzdecken auf Seite 7.
Flicken: Zur Ersten-Hilfe kannst du ein Loch oder Riss mit robustem, silberfarbenen Powerklebeband bekleben. Auf Dauer hält das aber nicht – und dein Pferd sieht damit auch irgendwie aus wie ein Alien. Also gilt es, den Riss mit der Hand oder einer Nähmaschine zu vernähen. Du kannst dir aber auch einen Dienstleister suchen.

Das ist keine Profiarbeit, aber es hält.

SCHEREN

Geschorene Pferde sind im Herbst und Winter inzwischen Normalität. Ob die Brust, der Rumpf oder das komplette Pferd – je nach Nutzungsform des Pferdes gibt es fast alle Varianten. Winterfell braucht, wenn es nassgeschwitzt ist, sehr lange, um zu trocknen. Es ist also vor allem eine Arbeitserleichterung und Zeitersparnis für den Reiter, wenn die Körperzonen, die durch das Reiten verschwitzt sind, kurzes Fell haben und schnell trocknen.

Hacks

Streifenschnitt: Die Unterseite von Hals, Brust, Bauch und Hinterhand wird geschoren. Pferde mit Streifenschnitt können ohne Decke bleiben.
Deckenschnitt: Nur das Fell an Kopf, Beinen und vom Widerrist bis zur Kruppe wird nicht geschoren. Das Pferd braucht eine Decke.
Hunter- oder Jagdschnitt: Nur die Sattellage, Kopf und Beine werden nicht geschoren. Das Pferd braucht eine Decke.
Komplettschur: Allein die Maulpartie samt Tasthaare und die Ohren bleiben ungeschoren. Nur für Sportpferde, die den ganzen Winter trainiert werden. Das Pferd braucht ständig eine Decke.
Termin: Ende Oktober bis November ist die Zeit zum Scheren. Eventuell ist ein Nachschnitt im Januar angebracht. Ältere Pferde benötigen manchmal sogar einen Sommerschnitt.
Schergeräte: Beim Kauf auf Qualität achten: mindestens 300 bis 320 Watt sollte die Maschine leisten. Akkubetriebene Geräte sind leiser, aber nicht so leistungsstark. Das Schermesser muss scharf und geölt sein, nach drei Komplettschuren wird es ausgewechselt. Den Scherkopf immer plan auflegen, damit keine Verletzungen entstehen.
Scherservice: Wer den Job an einen Pferdefrisör abgeben möchte, findet Adressen im Internet oder fragt die Leute im Stall.

REITSTIEFEL & CHAPS

Lederstiefel halten länger und sehen besser aus, wenn sie regelmäßig gepflegt werden – siehe auch das Thema Sattelpflege auf Seite 25. Wichtig ist auch, dass die Stiefel aufrecht stehen und in Form gehalten werden. Ich benutze als Stiefelspanner zwei Varianten: aufblasbare Stiefelspanner und Spanner aus Plastik. Auch Leder-Chaps bekommt es gut, wenn sie mit Spannern in Form gehalten werden.

TIPP

Eine günstige Alternative sind Ein-Liter-Plastikflaschen, die mit der Öffnung nach unten in die Stiefel gesteckt werden.

1

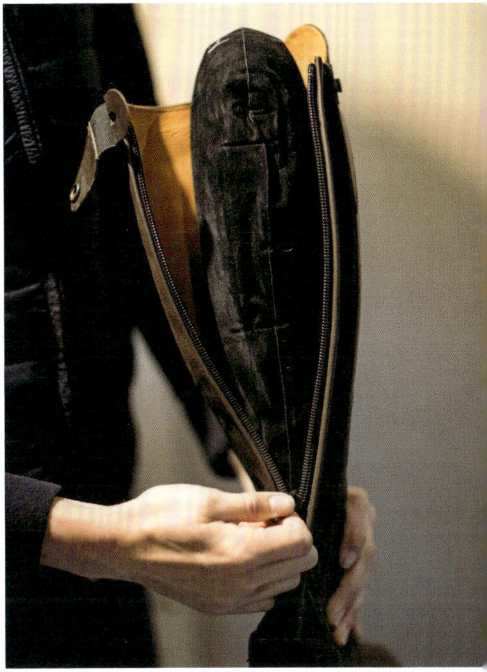

2

1 Die Stiefelspanner mit Griff sind stabil und leicht.

2 Aufblasbare Spanner sind eine preisgünstige Alternative.

Hacks

Reinigen: Groben Schmutz mit Wasser und Lappen entfernen, keine harten Bürsten verwenden. Anschließend die übliche Lederpflege durchführen.

Haftleder: Bitte nicht mit Pflegeprodukten behandeln, da sonst der Hafteffekt verlorengeht.

Reißverschlüsse: Immer vollständig und im gestreckten Zustand öffnen und schließen. Wenn nötig, den Verschluss reinigen und mit Reißverschluss-Spray pflegen.

Tasche: Wer viel unterwegs ist, sollte die Stiefel in einer Stiefeltasche verstauen, so sind sie geschützt und gut zu transportieren.

Einlagen: Mehr Komfort im Stiefel kannst du mit speziellen Einlegesohlen aus Kork, Filz, Gel, Frottee, Lammfell oder Leder bekommen. Gegen kalte Füße helfen Thermo- oder Heizsohlen.

MOBILER SATTELSCHRANK

Mein Vater hat meinen Sattelschrank selbst entworfen und gebaut. Er passt genau in den Pferdetransporter und hat zwei Türen. Der Innenraum ist an meine Bedürfnisse angepasst. Total wichtig sind die vier stabilen Rollen – so kann ich den Schrank aus dem Transporter heraus- und wieder hineinschieben, auch wenn ich alleine unterwegs bin.

Der ganze Schrank hat sieben Fächer in unterschiedlichen Formaten.

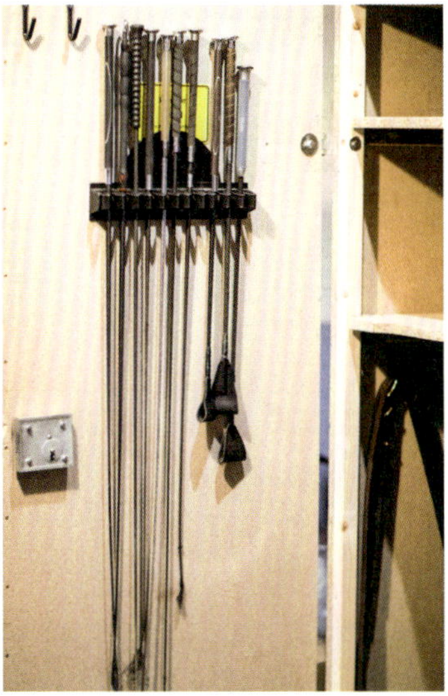

1.

An der linken Tür ist der Halter für die Gerten angebracht.

2.

An der Tür ist eine Magnettafel für die Stirnriemen-Verschönerungen. Darüber ist ein Spiegel befestigt – um mich für die Shows zu schminken.

3.

Satteldecken und Polster finden oben ihren Platz.

4.

Die Abteilung für die Stiefel ist unten.

1 Die Stangenhalter sind keine Schmuckstücke, aber effektiv und praktisch.

2 Mit vier Nägeln oder Schrauben wird der Gertenhalter im Holz befestigt.

1

STANGENHALTER AM REITPLATZ

Eine ganz einfache Halterung für die Stangen, die wir auf dem Reitplatz verwenden, sind Kanthölzer, die im 45-Grad-Winkel an die Reitplatzumrandung angebracht sind. Sie halten immer nur eine Holzstange oder zwei leichte Kunststoffstangen, mehr geht vom Gewicht her nicht.

2

GERTENHALTER AM REITPLATZ

Sehr praktisch finde ich diese Gertenhalter. Sie sind für unter zehn Euro im Reitsporthandel zu bekommen. Da wir das ganze Jahr über draußen trainieren und die Gerten auch mal nass werden, benutzen und platzieren wir dort eher schon etwas in die Jahre gekommene Exemplare.

WÄRMETIPPS FÜR DEN WINTER

Die Mütze hat das gleiche Häkelmuster wie das Stirnband, siehe Seite 22.

EQUIPMENT	EINSATZ
MÜTZE	unbedingt – über den Kopf geht viel Wärme verloren
STIRNBAND	passt auch unter die Reitkappe
JACKEN	mehrere Jacken übereinander halten wärmer (Zwiebelprinzip)
MANTEL	lange Thermo-Mäntel schützen auch die Beine
HANDSCHUHE	Fingerhandschuhe und Fäustlinge kombinieren
SOCKEN	zwei oder mehr Paar Strümpfe oder Socken übereinander
STIEFEL	Thermostiefel oder Wärmepads helfen
HAUT	bei tiefen Minusgraden Kälteschutzcreme benutzen
HOSE	Thermo-Unterwäsche und Strumpfhose darunterziehen

SOCKEN-SCHONER FÜR DIE STEIGBÜGEL

Meine Mutter hat mir diese Voody-Schoner für die Steigbügel gestrickt. Es sind Wolltaschen mit zwei Aussparungen, durch die die Steigbügel gezogen werden. Eine kurze Anleitung: Steigbügel ausmessen, Wolle und Nadelstärke auswählen und Maschenzahl ausprobieren. Dieses Muster ist „zwei links, zwei rechts". Die Socken sind mit einer Rundstricknadel entstanden. Die Bügel-Aussparungen werden wie zwei groß geratene Knopflöcher gemacht. Die Fläche für die Namen-Bestickung ist rein rechts gestrickt. Unten wird der „Schlauch" zusammengenäht. Fertig!

1.

Die Steigbügel-Socke passt genau zu meinen Steigbügeln. Sinn der Sache ist es, den Sattel vor Scheuerstellen zu schützen.

2.

Die beiden Löcher für die Steigbügelriemen sind auf gleicher Höhe etwa in der Mitte der Socke.

3.

Der Steigbügelriemen wird durch die Löcher gezogen und hält die Socke am Platz.

HEUNETZ BEFÜLLEN LEICHT GEMACHT

Bestimmt kennst du das? Ein Heunetz zu befüllen ist eine frickelige Sache. Mein Bruder Matthes hat eine Konstruktion gebaut, um das Befüllen der Heunetze zu vereinfachen. Aus einem Wasserbottich aus Kunststoff hat er den Boden herausgeschnitten und ihn auf einen Bock aus drei Beinen geschraubt. An der Außenseite der Umrandung hat er vier Schrauben befestigt, in die das leere Heunetz eingehakt wird, die Öffnung des Netzes ist oben.

1.

Hier sieht man die Konstruktion aus dem Wassertrog und den drei Holzbeinen. Matthes hat das Heunetz eingehakt und befüllt das Netz.

2.

Das Heu wird etwas nachgedrückt. Das, was daneben geht, wird später zusammengefegt.

3.

Das Netz ist voll und wird aus dem Trog herausgehoben. Oben wird das Band zusammengezogen.

4.

Zuletzt wiegt Matthes das Netz mit der Handwaage. Mehr zur Heu-Fütterung findest du auf Seite 67/68.

PFERDE-FOTOS

Es gibt so viele tolle Möglichkeiten, Fotos vom eigenen Pferd zu präsentieren. Am besten das Foto als jpg-Datei abspeichern. Je größer das Format, desto größer muss die Pixelzahl sein, sie wird in dpi (dots per inch) angegeben. Es gilt zur Berechnung der benötigten Pixel: (Höhe des Formats in cm geteilt durch 2,54 mal 100) x (Breite des Formats in cm geteilt durch 2,54 mal 100) = benötigte Pixelzahl. Am besten stellst du in der Kamera oder im Smartphone die höchste Qualitätsstufe ein.

PFERDEVIDEOS DREHEN UND SCHNEIDEN

Ich filme die meisten Videos mit meinem Smartphone, im Selfiemodus spreche ich direkt in das Gerät hinein. Wenn ich es auf Instagram poste, kann ich die Clips vorher in der App bearbeiten. Ich nutze auch Schnittprogramm-Apps. Es gibt einige kostenlose Programme, aber dann sind oft Möglichkeiten eingeschränkt oder es sind Wasserzeichen im Bild. Wenn ich aufwendigere Filme brauche, dann frage ich einen Kameramann oder eine Kamerafrau, die Filmen und Schneiden als Komplettservice anbieten.

GESCHENK-IDEEN

FOTOS NUTZEN …	… SO GEHTS
BILDER	in Rahmen oder direkt auf Leinwand, Alu, Acrylglas gedruckt
POSTER	im 3:2- oder 4:3-Verhältnis, Panorama oder quadratisch
KARTEN	drucken lassen oder auf leere Postkartenvorlage aufkleben
PUZZLE	mit 500, 1.000 oder 1.500 Teile
T-SHIRT, HOODY	Motiv für Vorder- oder Rückseite
TASSE	in verschiedenen Farben, Formen und Größen
FOTOBUCH	viele Formate und Seitenzahlen möglich
KISSEN	quadratisch oder in Herzform
STRANDSANDALEN	Schuhgröße 35 bis 47

PFERDE RICHTIG FOTOGRAFIEREN

Hier findest du ein paar nützliche Tipps, um ein tolles Porträt deines Pferdes zu machen.

ARMBAND AUS SCHWEIFHAAREN

Ein Armband aus den Schweifhaaren deines Pferdes ist eine tolle Idee, so hast du es immer bei dir. Du brauchst einen Strang etwa 15 bis 20 cm lange Schweifhaare deines Pferdes. Aus dem Bastelladen besorgst du dir einen Verschluss und Schmuckteile, die du einflechten möchtest. Hier sind es ein silberfarbenes Pferd, ein Hufeisen und der Buchstabe V (für Valoo).

1.

Du brauchst: Pferdehaare, Sekundenkleber, Kettenverschluss, Klebeband und Schere.

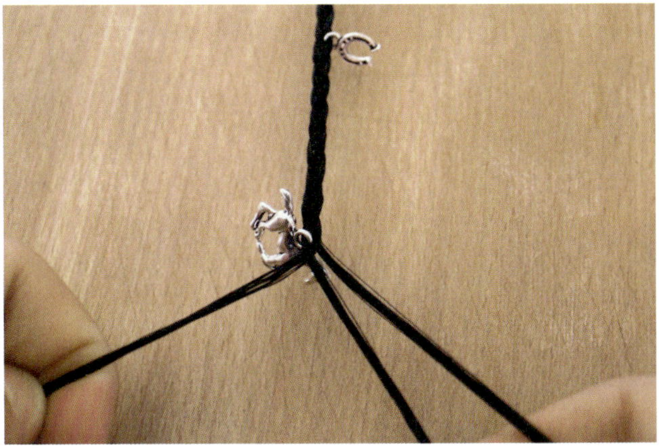

2.

Teile die Schweifhaare in drei gleichstarke Stränge und klebe sie zusammen auf einer Unterlage fest. Normal flechten und je nach Handumfang Schmuckstücke in passenden Abständen einflechten. Dazu einen Haarstrang durch den Schmuckaufhänger ziehen und fest weiterflechten.

3.

Hier sind alle drei Schmuckstücke eingeflochten. Etwas länger weiterflechten, damit du die Enden passend in die Verschluss-Kappen einkleben kannst.

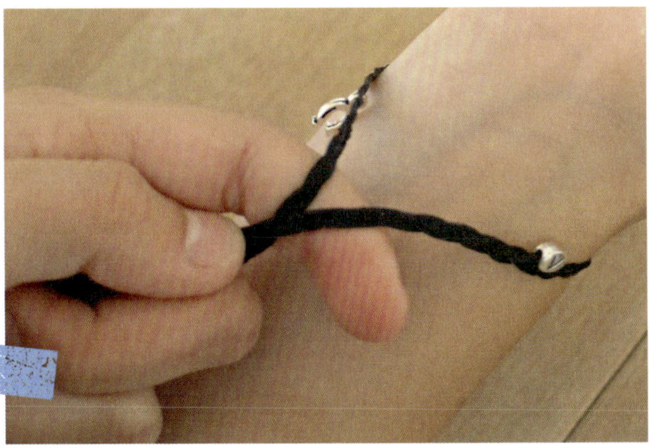

4.

Je nach Handgelenksumfang werden die Enden umgeschlagen, in die kleinen Verschluss-Kappen geschoben und mit Sekundenkleber befestigt. Achtung: Einweghandschuhe verwenden, damit deine Haut nicht mit dem Kleber in Berührung kommen kann. Einen Tag ruhen lassen und die überstehenden Haare abschneiden. Fertig!

TIPPS & TRICKS

GESUNDHEIT & FÜTTERUNG

DAS IST CODY!

Der gekörte Shettyhengst Cody geht vor der Kutsche und macht in Shows mit. Mehr zum Thema Fütterung findest du auf Seite 67.

Was hält mein Pferd gesund und fit?

Das Wohlbefinden meiner Pferde liegt mir sehr am Herzen. Es gibt viele gute Ideen für die Gesunderhaltung der Pferde und auch Rezepte, die vorbeugend eingesetzt werden können.

ANWEIDEN

Das Frühjahr ist die Zeit, die Pferde an das frische Grün zu gewöhnen. Die Umstellung von Heu auf Gras kann zu Durchfall, Kolik oder Hufrehe führen. Nicht jedes Pferd reagiert empfindlich, aber in jedem Fall benötigt die Darmflora bis zu vier Wochen, um sich umzustellen. Das liegt daran, dass das frische Gras reicher an Eiweißen und Kohlenhydraten ist als das Heu, das einen hohen Anteil an Zellulose aufweist. Die Zusammensetzung der Darmbakterien verändert sich nach und nach und passt sich der neuen Situation an. Weidepferde nehmen übrigens einen Großteil ihres Wasserbedarfs mit dem Gras auf.

Hacks

Graslänge: Mindestens 20 Zentimeter lang sollte das Gras in der Anweidephase sein. Je länger die Halme, desto verträglicher sind sie für das Pferd.
Heu: Vor und nach dem Anweiden ausreichend Heu füttern. Kraftfuttergaben direkt vor oder nach dem Grasen vermeiden.
Zeitplan: Mit 15 Minuten Weidezeit starten. Am besten das Anweiden nachmittags beginnen und dann in 15-Minuten-Schritten steigern. Gesunde Pferde sollten mit 14 Tagen Anweidezeit zurechtkommen.
Entwurmen: Bitte in der Anweidezeit aufs Entwurmen verzichten, damit die Darmflora nicht noch zusätzlich belastet wird.

Mein Bruder Matthes lässt seinen Shettyhengst Cody an der Hand grasen.

Cody ist ein Shettyhengst. Er wiegt 280 kg und bekommt etwas weniger als die Hälfte der Wurmkur.

ENTWURMEN

Um das Thema Entwurmen entfachen sich fast so intensive Für- und Wider-Diskussionen wie zum Thema Impfen. Klar ist, dass du dich an den Tierarzt deines Vertrauens wenden und mit ihm die Situation deines Pferdes genau analysieren solltest. Jahrzehntelang wurde grundsätzlich viermal im Jahr eine Wurmkur verabreicht, aber das führte dazu, dass manche Parasiten Resistenzen entwickeln konnten. Jetzt gibt es auch Stimmen, die befürworten, nur bei nachgewiesenen Endoparasiten zu entwurmen. Oder es werden zweimal jährlich Wurmkuren gegeben plus zusätzlich Kotuntersuchungen vorgenommen.

Hacks

Verschreibung: Wurmkuren sind verschreibungspflichtig, also nicht ohne Tierarztrezept zu erhalten.
Menge: Vorab das Gewicht des Pferdes bestimmen (siehe Seite 52). Die Wurmkur wird in Gramm pro Kilogramm Lebendgewicht des Pferdes bemessen. Eine Wurmkurspritze reicht im Regelfall für ein Warmblutpferd (700 Kilogramm).
Reste: Angebrochene Wurmkuren niemals aufheben und weiterverwenden, sondern über die Apotheke entsorgen!
Anwendung: Die Wurmkurspritze wird seitlich ins – wichtig! – leere Maul eingeführt und die Paste weit hinten auf den Zungenrücken

gedrückt. Aufpassen, dass die Paste nicht ausgespuckt wird! Die Mittel sind aromatisiert und konzentriert, sodass das Pferd keinen bitteren Geschmack im Maul hat und auch nur eine relative geringe Menge herunterschlucken muss.

KOTUNTERSUCHUNG

Wenn du den Parasitenbefall deines Pferdes untersuchen lassen möchtest, benötigst du Kotproben. Du kannst den Kot über deinen Tierarzt prüfen lassen und bekommst dann von ihm eine Behandlungsempfehlung. Im Internet finden sich Institute, die Probe-Sets liefern und die die Untersuchung auf die häufigsten Parasiten bei Pferden anbieten, die da sind: Spulwürmer, Kleine Strongyliden, Große Strongyliden, Zwergfadenwürmer, Magenwürmer und Pfriemenschwänze. Du erhältst eine Behandlungsempfehlung, aber keine Wurmkuren, denn sie sind nur über den Tierarzt zu erhalten.

Hacks

Proben: Sammle an drei aufeinanderfolgenden Tagen jeweils eine walnussgroße Menge aus den Pferdeäpfeln deines Pferdes.

Wiederholung: Es gibt Empfehlungen, Kotproben vier Mal jährlich durchzuführen: im Februar/März vor dem ersten Weidegang, im Juni, im August und im November vor dem Aufstallen.

1

2

1 Mit dem Einweghandschuh geht die Probenentnahme ganz einfach: ein etwa wallnussgroßes Häuflein aufsammeln.

2 Den Handschuh über die Hand ziehen und den Kot im Handschuh einschließen. Auf den Handschuh kannst du mit einem wasserfesten Stift Pferdename, Datum und deinen Namen schreiben.

KÖRPERTEMPERATUR MESSEN

Wie du Fieber bzw. die Körpertemperatur deines Pferdes messen kannst, solltest du probieren und üben, bevor dein Pferd krank ist. So kannst du auch den Normalwert deines Pferdes feststellen und dokumentieren. Durch Anstrengung, Aufregung und hohe Außentemperaturen steigen die Messergebnisse an. Nach dem Reiten musst du mindestens eine Stunde warten, bis du die Temperatur misst. Falls dein Pferd beim Einführen des Thermometers unruhig wird, bitte eine Freundin oder Stallkollegin um Hilfe.

Hacks

Normalwerte: Die Körpertemperatur liegt im Normalbereich zwischen 37,5 ° und 38,5 °C.

Fieber: Leichtes Fieber beginnt bei 38,6°C, hohes Fieber bei 39,5 °C, lebensbedrohlich wird es bei 41 °C. Lieber den Tierarzt einmal zu oft als zu spät verständigen!

Unterkühlung: Fällt die Körpertemperaturen unter 37 °C, spricht das für eine Unterkühlung. Das Pferd in den Stall holen, Decke auflegen oder unter das Solarium stellen.

Messung: Die Messung erfolgt im Mastdarm. Das Thermometer vorsichtig und gerade in die Anusrosette einführen. Am Thermometer wird ein Band und daran eine Klammer befestigt, damit das Thermometer nicht in den Darm hineinrutschen kann. Das Digitalthermometer piept, wenn es die Temperatur ermittelt hat.

1 Fieber messen mit Digitalthermometer

2 Pulsmessen mit den Fingern unter der Gamasche und mit Blick auf die Uhr.

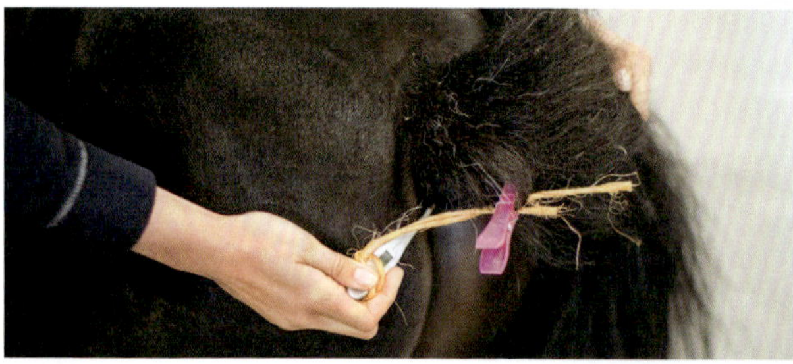

1

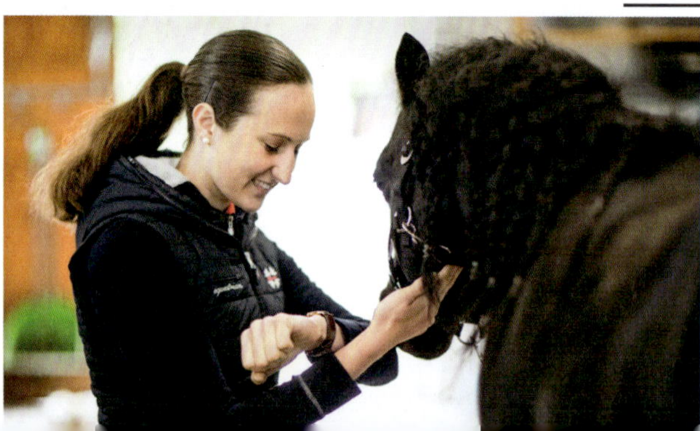

2

PULS MESSEN

Zum PAT-Wert (Puls-Atmung-Temperatur) gehören neben der Temperatur auch die Puls- und Atemwerte. Der Puls sind die Herzschläge pro Minute.

Hacks

Normalwert: Der Puls beträgt beim erwachsenen Pferd etwa 32 bis 36 Schläge pro Minute.

Belastung: Bei Belastung steigt der Puls auf 100 bis 120 Schläge pro Minute. Höchste Werte liegen bei 200 Herzschlägen pro Minute.

Gleichmäßigkeit: Ein schwacher, kaum spürbarer und unregelmäßiger Puls ist ein Alarmsignal – bitte den Tierarzt kontaktieren!

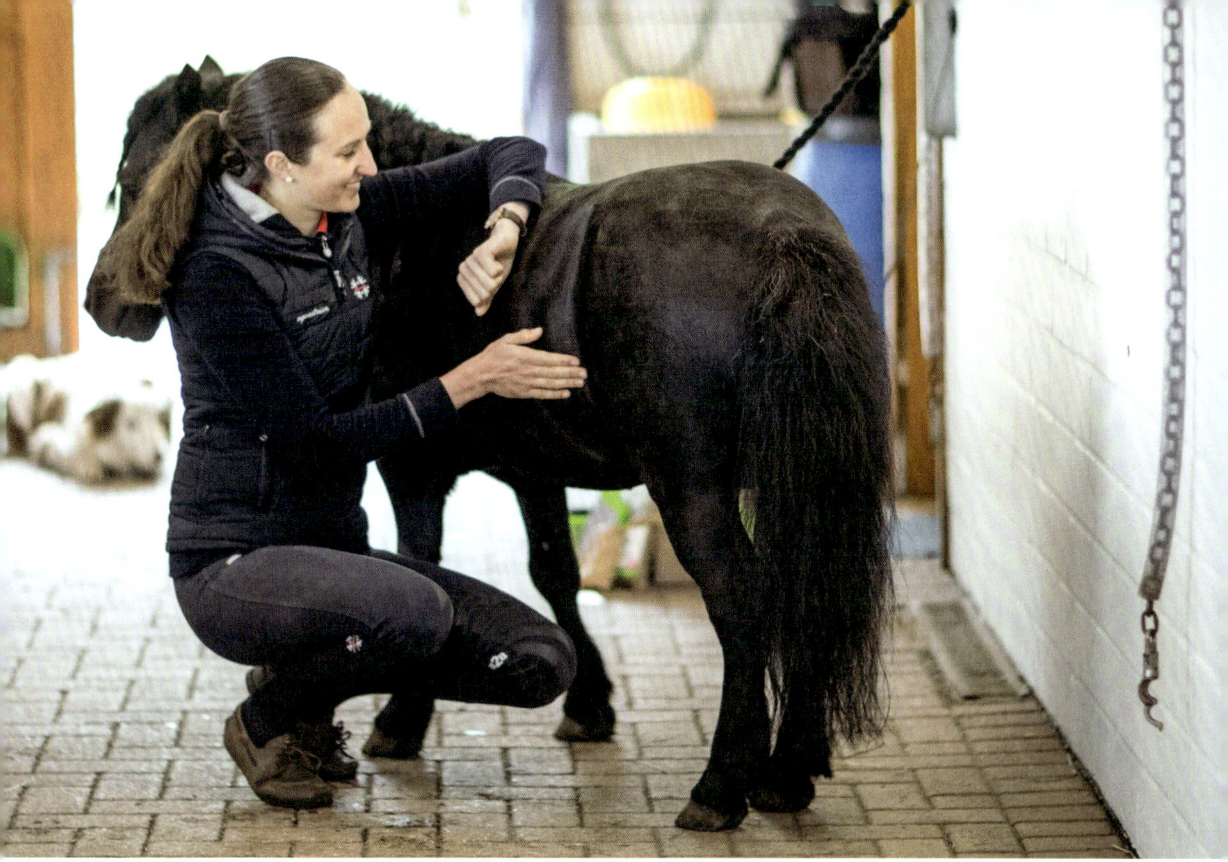

Codys Atemzüge zähle ich mit der Hand an der Flanke und mit Blick auf die Uhr.

Messung: Gemessen wird an der Ganasche. Du zählst die Schläge 20 Sekunden lang und multiplizierst den Wert mal drei, so kommst du auf den Wert pro Minute.

ATEMFREQUENZ MESSEN

Die Atemfrequenz ist die Zahl der Atemzüge pro Minute. Die Atmung lässt sich mit der Hand an der Flanke messen. Du zählst entweder das Ein- oder das Ausatmen. Das Ausatmen ist meist leichter zu erkennen, da sich hierbei der Brustkorb mehr bewegt.

Hacks

Normalwert: In Ruhe beim Großpferd 8 bis 16 Züge, beim Pony 10 bis 24 Züge, beim Fohlen 20 bis 40 Züge.
Belastung: Bei mittlerer Belastung beim Großpferd 30 bis 70 Atemzüge. Ein gesundes Pferd sollte nach einer Belastung nach 30 Minuten auf unter 40 Atemzüge pro Minute kommen.
Messung: Zähle mindestens 20 Sekunden lang die Atemzüge und multipliziere den Wert mal drei. Ist die Atmung unregelmäßig, dann solltest du mindestens eine Minute lang mitzählen.

TIPP

Je besser die Kondition, desto schneller beruhigen sich die Puls- und Atemfrequenzwerte deines Pferdes.

FLIEGENSCHUTZMITTEL SELBSTGEMACHT

Einen Tag ziehen lassen und mit einem Sieb Knoblauch und Nelken entfernen.
Vor jedem Gebrauch gut schütteln!

1

2

1 Das Insektenschutzspray auf den Schwamm sprühen.

2 Wichtig ist, das gesamte Fell zu behandeln, denn die Plagegeister finden unbehandelte Stellen schnell und landen dort.

INSEKTENSCHUTZ AUFBRINGEN

Es gibt Pferde, die können sich nicht damit anfreunden, besprüht zu werden. Für diese Kandidaten kannst du den Insektenschutz auf einen Schwamm auftragen und mit diesem über das Fell streichen. Hausmittel, wie links vorgestellt, wirken zumindest eine kurze Zeit recht gut, zum Beispiel, wenn du auf dem Reitplatz bist. Wenn es beim Geländeritt oder Ausritt aber darauf ankommt, dass dein Pferd und du vor Insekten geschützt seid, dann hilft nur ein Mittel, das sogenannte Repellents enthält. Diese Wirkstoffe erzeugen einen Geruch, der stechende Insekten abschreckt und deren Wirkung mehrere Stunden anhält.

GEWICHT DES PFERDES

Ein Warmblutpferd wiegt um die 650 Kilogramm, ein Shetlandpony etwa 250 Kilogramm – Pi mal Daumen. Etwas genauer kannst du das Gewicht deines Ponys oder Pferdes mit diesen Hacks bestimmen. Das Gewicht brauchst du für die Errechnung der Futtermengen und wenn du Medikamente verabreichen musst, wie beispielsweise für eine Wurmkur. In der Anatomie wird der Körper des Pferdes in drei Teile aufgeteilt: in die Vorhand = Kopf bis Schulter und Vorderbeine, in die Mittelhand = Rücken und Rumpf sowie in die Hinterhand = Kruppe und Hinterbeine. Natürlicherweise lastet etwas mehr des Gesamtgewichts des Pferdes auf der Vorhand, da der Kopf des Pferdes schwer ist. Etwa 40 % des Gewichtes übernimmt die Hinterhand. Ein Pferd kann maximal ein Vierteil seines Gesamtgewichtes auf dem Rücken tragen. Ein Ponyreiter sollte also nicht mehr als 60 Kilogramm wiegen, damit sein Pony keinen Schaden nimmt.

1

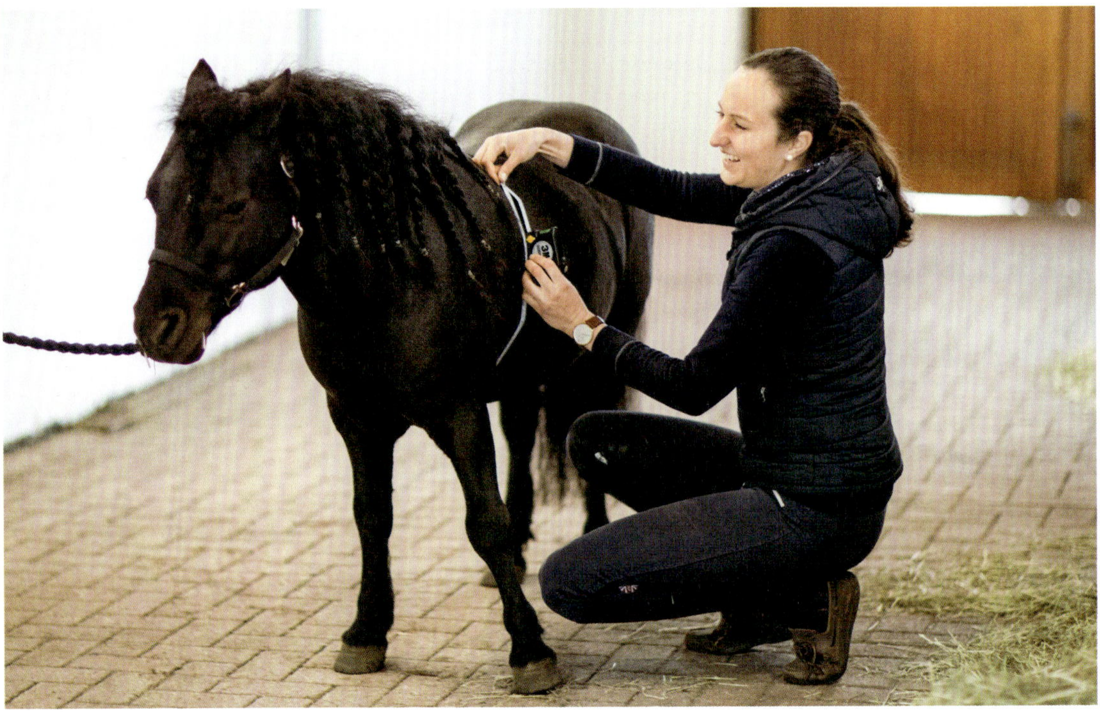

1 Der Brustumfang wird an der Stelle gemessen, wo der Sattelgurt liegt.

2 Die Rumpflänge wird vom Buggelenk bis zum Sitzbeinhöcker gemessen.

2

Hacks

Formel: Du misst den Brustumfang und die Länge des Rumpfes. Dafür nimmst du ein Maßband oder einen langen Strick. Die abgemessenen Längen kannst du an einem Zollstock ablesen. Tipp: Hole dir zwei Papiermaßbänder bei IKEA und klebe sie zusammen. Der Brustumfang wird auf Höhe des Sattelgurtes gemessen. Die Rumpflänge misst du vom Buggelenk bis zum Sitzbeinhöcker ab.

Die Formel lautet:

$$\text{Gewicht in kg} = \frac{\text{Brustumfang in m}^2 \times \text{Rumpflänge in cm}}{11.900}$$

Maßband: Im Fachhandel gibt es für unter fünf Euro Maßbänder, mit denen du nur den Brustumfang messen musst, um das Gewicht zu ermitteln. Du kannst das Gewicht direkt unter dem Brustumfang am Maßband ablesen.

Pferdewaage: Mobile Pferdewaagen kommen zum Stall oder zur Weide und wiegen dein Pferd. Am besten, du schließt dich mit Stallkollegen zusammen. Mindestens zehn Pferde sollten es sein, dann liegen die Kosten pro Pferd bei um die 20 Euro. Der Vorteil der Pferdewaage ist, dass du exakte Werte erhälst.

PUTZHANDSCHUHE

Mit Putzhandschuhen, die unterschiedlich geformte Noppen an den Innenseiten haben, kann ich meine Pferde putzen und gleichzeitig sanft massieren. Valoo liebt es!

HANDFREUNDLICHE KARDÄTSCHE

Die Firma Animalon hat Bürsten und Striegel entwickelt, die sich flexibel der Hand, aber auch der Körperform des Pferdes anpassen. Die Bürsten haben Naturborsten und Klettverschlüsse, die an der Handschlaufe je nach Handgröße verstellbar sind. Ich putze meine Pferde mit Striegel und Kardätsche. Grober Schmutz wird zuerst mit dem Striegel entfernt. Dann bürste ich mit der weichen Kardätsche nach, die ich am Striegel abstreiche. Alle paar Striche wird der Striegel am Boden ausgeklopft. Ich achte sehr darauf, dass die Putzaktion angenehm für meine Pferde ist. Sie sollen sich entspannen und es genießen. Die Pferdebeine putze ich mit einer weichen Wurzelbürste. Groben Schmutz und Schlamm entferne ich vorher mithilfe der Dusche. Das Abduschen hat auch den Vorteil, dass die Beine gekühlt werden, zum Beispiel bei Hitze oder stärkerer Belastung.

1

2

1 Die ergonomische Bürste passt sich Mensch und Pferd an.

2 Die Naturborsten sind weich und angenehm für das Pferd.

1

2

MÄHNE & SCHWEIF

Früher hieß es, der Schweif dürfe niemals gebürstet, sondern müsse verlesen werden, damit nicht zu viele Schweifhaare herausgezogen werden und verloren gehen. Heute wird das nicht mehr so streng gesehen, denn wenn du richtig und vorsichtig vorgehst, kann das Bürsten nicht sofort zu Haarausfall führen. Aber achte auf die Regeln in deinem Stall. Ich kenne Reitschulen, bei denen Schweifbürsten für Schulpferde immer noch ein No-go sind.

Hacks

Glanzspray: Vereinfacht das Bürsten, bringt langanhaltenden Glanz und hält den Schweif knotenfrei. Nicht verwenden, wenn der Schweif in den nächsten Tagen eingeflochten werden soll, denn das Haar wird dafür zu glatt.
Schweif bürsten: Du nimmst den Schweif unter der Schweifrübe in die Hände und drehst ihn in sich zusammen. Mit einer Hand haltend, beginnst du mit der anderen Hand das Ende glatt zu bürsten. Du arbeitest dich so immer weiter nach oben, bis

1 Mähnenpflege mit der anatomisch geformten Haarbürste.

2 Die Schweifhaare halten und vorsichtig bürsten.

3 Glanzspray pflegt den Schweif und vereinfacht das Bürsten.

4 Mit der veganen Seife wird der Schweif sauber und weiß.

alle Haare komplett gebürstet sind und ordentlich liegen.

Verlesen: Du nimmst den Schweif in eine Hand und ziehst nach und nach Strähnen heraus, sodass Verklebungen und Knoten beseitigt werden. Auch Stroh oder Sägespänen werden so herausgeholt. Nach dem Verlesen fällt der Schweif locker und hat viel Volumen.

Waschen: Wenn der Schweif sehr verschmutzt ist, muss er gewaschen werden. Ich benutze eine vegane Waschseife: Schweif im Wassereimer oder mit der Dusche anfeuchten, die Haare mit der Seife einschäumen und anschließend Schmutz und Seife gut ausspülen. Gerade in Höhe der Schweifrübe darauf achten, dass keine „Chemie“ benutzt wird.

Holzkohle: Mistflecken im Schweif eines Schimmels lassen sich mit Holzkohle entfernen. Mit Kohle einreiben und ausbürsten. Das Haar muss ganz trocken sein.

Mähne: Die Mähne kann mit der Bürste oder einem Kamm geordnet werden. Mehr zum Thema Mähne steht auf Seite 16.

TIPP

Leinöl unterstützt die Haarbildung. 50 ml Leinöl/Großpferd auf die täglichen Futtergaben verteilen, im Fellwechsel 100 ml/Tag.

3

4

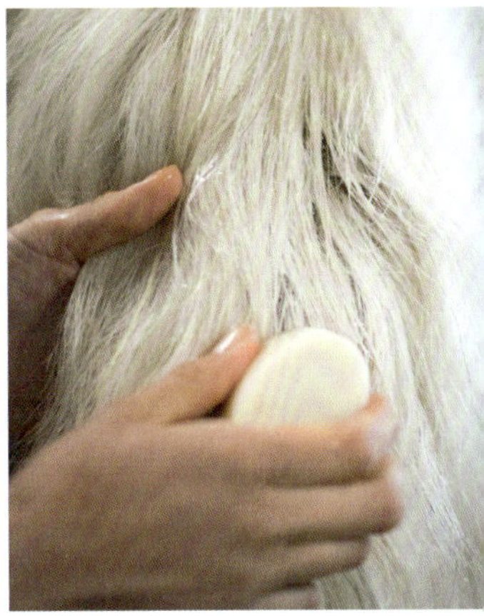

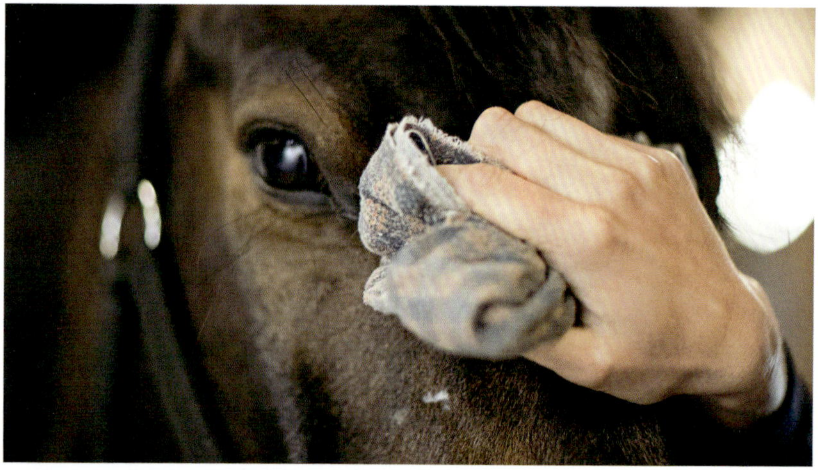

Ich streiche ganz sanft Valoos Augenwinkel aus.

Die meisten Pferde genießen es, wenn man mit der Hand über die Augen streicht.

AUGEN & NÜSTERN

Für das Reinigen der Augen und Nüstern nehme ich gern zwei weiche Tücher: eines für die Nase und eines für die Augen. Ich benutze dafür zum Beispiel ein ausgedientes Flanellhemd meines Papas, das ich in mehrere Stücke schneide. Nach der Verwendung kommen die Tücher in die Wäsche und werden frisch gewaschen immer wieder verwendet. Augen und Nüstern sind wichtige Indikatioren, um den Gesundheitszustand deines Pferdes zu beurteilen.

Hacks

Augen: Augenausfluss, häufiges Blinzeln und gerötete Lidbindehäute können auf eine Augenentzündung hinweisen. Unbedingt den Tierarzt zurate ziehen! Wiederkehrende Entzündungen können im schlimmsten Fall zur Erblindung führen. Vor allem im Sommer solltest du die Augen deines Pferdes mithilfe von Fliegenmasken (siehe Seite 13) vor Insekten schützen, die gefährliche Keime übertragen können.

Nüstern: Einseitiger oder beidseitiger schleimiger, eitriger oder blutiger Nasenausfluss sind Alarmsignale – du solltest deinen Tierarzt verständigen, Fieber messen (siehe Seite 48) und die Atmung überprüfen (siehe Seite 49). Auch jede Form von Husten deines Pferdes solltest du ernstnehmen. Husten kann auf eine Allergie, Bronchitis oder eine Lungenentzündung hinweisen. Nasenbluten nach Belastung deutet auf eine Lungenerkrankung hin.

Falls nötig, feuchte ich das Tuch an, um die Nüstern zu reinigen.

HUFE PFLEGEN

Ohne Huf kein Pferd! Ein wahrer Spruch. Valoos Hufe säubere ich vor und nach dem Reiten. Für die Pflege verwende ich ein Hufől, das die Hufstruktur verbessert und die Hufe zum Glänzen bringt.

Hacks

Auskratzen: Die Strahlfurchen und die Sohle wird von grobem Schmutz und Steinen befreit. An der äußeren Hornwand nicht herumkratzen, damit die Glasurschicht nicht zu Schaden kommt. Achtgeben, dass sich keine kleinen Steinchen in der sogenannten weißen Linie einklemmen. Das ist eine lammellenartige Schicht an der Hufsohle, die Wandhorn und Sohlenhorn trennt.

Bürsten: Fast jeder Hufauskratzer hat eine kleine Bürste an der Seite. Entweder kannst du damit oder mit einer Wurzelbürste die Hufsohle reinigen. Die Hornwand solltest du nicht mit einer groben Bürste behandeln, damit die empfindliche Glasurschicht des Horns erhalten bleibt.

1 Die Strahlfurchen sind rechts und links neben dem Strahl.

2 Hufől pflegt das Horn und bringt es zum Glänzen.

1

2

Abspülen: Die Hufe und Beine zwei- bis dreimal in der Woche mit der Dusche abspritzen, um die Hufe von Mist- und Urinanhaftungen zu befreien. Abduschen ist auch zur Kühlung der Beine nach dem Reiten oder bei erhöhter Körpertemperatur zu empfehlen. Bei empfindlichen Pferden eventuell weniger waschen, um die Haut zu schonen.

Pflegen: Öle, die für die Verwendung an den Hufen entwickelt wurden, halten das Horn geschmeidig und bringen es zum Glänzen. Zwei- bis dreimal pro Woche ist es zu empfehlen. Lorbeeröl, das am Kronenrand einmassiert wird, kann das Hufwachstum fördern.

Bewegung: Eine entscheidende und grundsätzliche Hufpflegemaßnahme ist übrigens die regelmäßige freie Bewegung des Pferdes, durch die die Durchblutung und das Hornwachstum verbessert werden.

Kontrolle: Wichtig ist, auf Veränderungen des Hufes zu achten. Unangenehme Gerüche, ausgebrochene Stellen, Risse oder Schorf am Behang nicht ignorieren, sondern unbedingt dem Tierarzt oder dem Hufschmied melden! Termine mit dem Hufschmied sind normalerweise alle acht bis zehn Wochen notwendig – entweder zum Neubeschlagen oder zum Ausschneiden und Raspeln der Hufe.

TIPP

Hufhorn wächst pro Monat zwischen 6 und 8 mm, genauso wie Mähnen- und Schweifhaare oder auch deine Haare, Finger- und Fußnägel.

WINDEL-VERBAND

Babywindeln haben sich als praktische Hufverbandsmaterialien bewährt. Einfach handelsübliche Windeln suchen und eine Größe ausprobieren. Die Windeln eignen sich zum Schutz bei Verletzungen oder sie können auch zum Angießen von Medikamenten oder Desinfektionsmitteln verwendet werden.

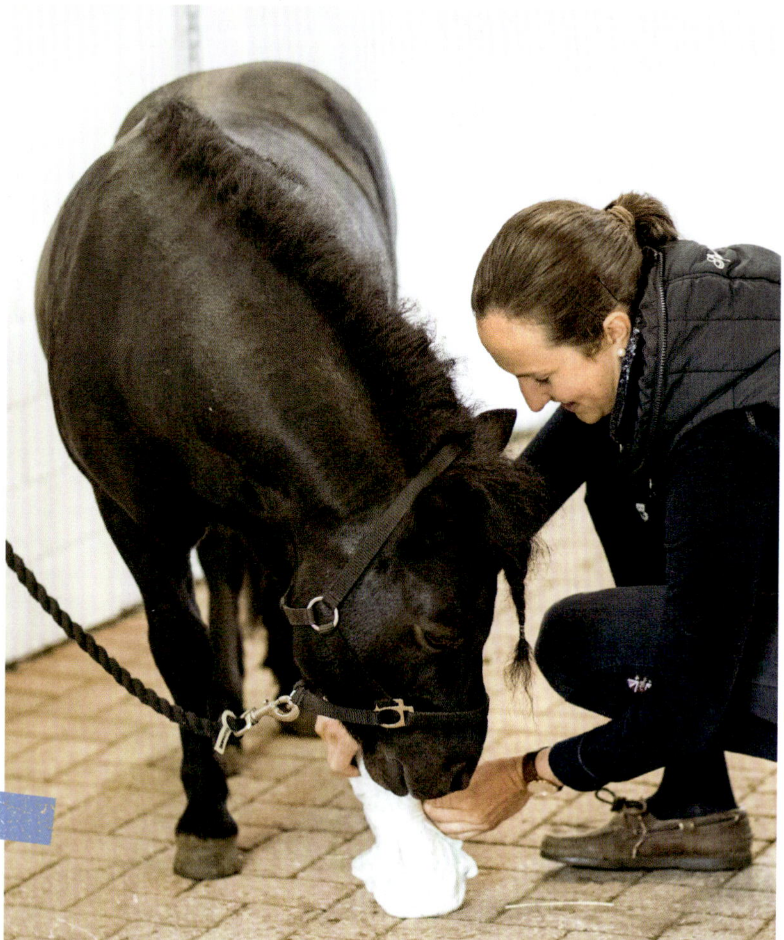

1.

Cody guckt, was ich da an seinem Huf mache. Ich öffne die Babywindel und lege sie mittig um den Huf.

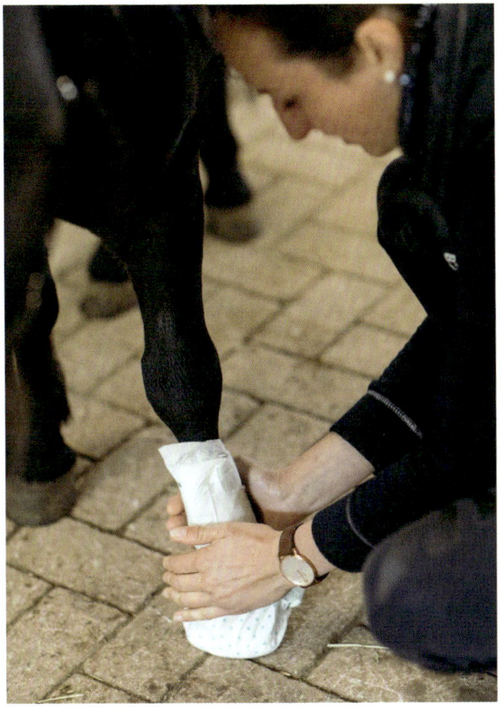

2.

Mit den vorhandenen Klebeverschlüssen befestige ich den Verband über dem Fesselkopf. Damit allein hält die Babywindel aber nicht dauerhaft am Pferdebein.

3.

Für mehr Halt sorgt stabiles Klebeband. Nicht zu fest, damit die Durchblutung nicht behindert wird, aber auch nicht zu locker verkleben, damit der Verband am Platz bleibt.

4.

Fertig! Bei einem Angussverband kannst du jetzt oben am Rand vorsichtig die Lösung einbringen, die je nach der Vorgabe vom Tierarzt einwirken soll.

1

1 Die Stollen, die ich hier für Valoo verwende, sind kegelförmig. Ich nutze je nach Untergrund und Bedingung verschiedenen Formen. Die Stollen werden in die eingearbeiteten Löcher vom Hufeisen eingeschraubt.

2 Die Stollenbasis hat ein Vierkantformat. Zum Hinein- und Herausschrauben benutze ich einen passenden Schraubenschlüssel.

3 Um die Stollenlöcher zu verschließen, verwende ich Kunststoff-Plugs. Sie verhindern, dass sich die Löcher zusetzen, wenn keine Stollen eingeschraubt sind. Das Herausholen der Plugs geht mit den Fingernägeln.

HUFEISEN-STOLLEN

Auf glattem Untergrund beim Springen und in Geländeritten schraube ich Stollen in Valoos Hufeisen. Es gibt unterschiedliche Systeme zum Einschrauben, Einklicken oder Klammern (Haltestollen). Die Stollenarten unterscheiden sich in Rasen-, Sand- oder Schlammstollen, auch die Formen sind verschieden: Kegel, Rund- oder Spitzkopf, Vierkant, Sechskant und noch mehr. Stollen sollten sofort nach dem Einsatz wieder entfernt werden, weil sie die natürliche Stellung der Hufe beeinflussen. Die Stollenlöcher werden vom Hufschmied in das Eisen eingearbeitet, sie müssen der Hufeisengröße angepasst sein. Berate dich mit deinem Hufschmied.

2

3

SONNENSCHUTZ

Bei hellhäutigen Pferden besteht die Gefahr von Sonnenbrand, vor allem an der Nase. Dagegen kann Sonnenschutzcreme helfen. Bitte darauf achten, dass sie unparfümiert ist, gerade wenn sie in der Nähe der Nüstern einsetzt wird. Sonnenschutzmittel für Babys mit sehr hohem Lichtschutzfaktor sind geeignet. Sinnvoll kann auch eine Fliegenschutzhaube sein (siehe Seite 13), die über die Nase geht und dadurch die UV-Strahlung reduziert. Auch die Augenpartie, die Stirn, der Rücken, die Kruppe und die Fesselbeugen sind gefährdete Bereiche für Sonnenbrand, da hier oft die Haardichte geringer ist und bei hellem Fell weniger Pigmente die Haut vor der UV-Strahlung schützen.

Nase eincremen bei unserem 25-jährigen Schimmelponywallach Chapy.

ERSTE HILFE BEI HAUTVERLETZUNGEN

Kleine Schrammen sind bei Pferden nicht selten. Oberflächliche Verletzungen heilen von selbst. Größere Stellen kannst du mit physiologischer Kochsalzlösung reinigen, mit Spray desinfizieren und mit einer Heilsalbe behandeln. Hautverletzungen, die größer als 2 cm und tiefergehend sind, müssen vom Tierarzt behandelt werden. Bitte nicht zu lange mit dem Anruf beim Tierarzt warten, denn eine Wundnaht ist nach acht Stunden nicht mehr möglich. Und vorsicht bei kleinen Verletzungen an den Beinen: es besteht die Gefahr von Phlegmonen, das sind sehr gefährliche Entzündungen in der Haut, die zu einer Blutvergiftung führen können. Wichtig ist, sein Pferd regelmäßig gegen Tetanus zu impfen. Pferde sind genau wie wir Menschen gefährdet, sich über eine Wunde mit Tetanusbakterien zu infizieren. Eine Tetanus-Erkrankung ist lebensgefährlich und verläuft fast immer tödlich. Folge den Impfempfehlungen deines Tierarztes.

1

2

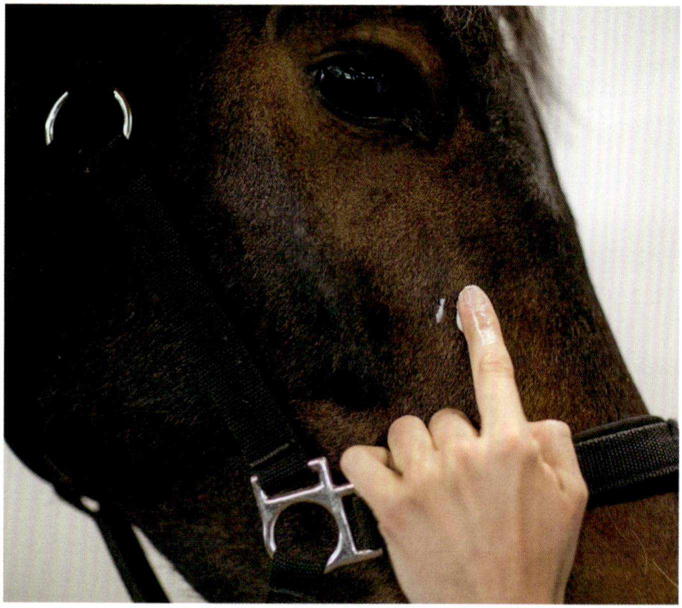

1 Der SkinDoc-Schaum lässt sich gut auftragen und hilft auch bei Mauke und Sommerekzem.

2 Die kleine Schramme an Valoos Kopf heilt schnell wieder zu.

Oben in der Schüssel ist trockenes Heu und unten befeuchtetes Heu.

HEU BEFEUCHTEN

Jede Art von Staub und Schimmelsporen schadet der Pferdelunge. Deshalb ist es in vielen Ställen gang und gäbe, dass das Heu vor dem Füttern befeuchtet oder bedampft wird, um die Belastung zu minimieren. Forschungsergebnisse zeigen, dass dabei auch wasserlösliche Kohlenhydrate (z. B. Glukose und Fruktane) ausgewaschen werden, die bei empfindlichen Pferden Hufrehe auslösen können.

Hacks

Wässern: Das Heu 15 Minuten in ein Wasserbad tauchen und sofort verfüttern. Wir verwenden dafür große Wasserbehälter.

Salz: Für allergische Pferde wird eine Salzzugabe zum Wasserbad empfohlen. Dafür eine 1%ige Salzlösung herstellen, das sind 10 Gramm Salz pro Liter Wasser. Kein jod- oder fluorhaltiges Salz verwenden.

Bedampfer: Profigeräte bedampfen das Heu mit bis zu 100° C heißem Wasserdampf und machen es staub, pollen- und keimfrei. Auch Bakterien, Hefen und Pilze werden so reduziert. Diese Geräte sind teuer und eher etwas für eine Stallgemeinschaft. Es gibt im Internet auch Anleitungen zum Selbstbau aus Tapetenablösegeräten und Regentonne und auch andere Ideen. Lange lagern sollte man aber auch bedampftes Heu nicht!

HEU-ERSATZ: HEUCOBS UND SILAGE

RAUFUTTER	HERSTELLUNG	VORTEILE	NACHTEILE
HEUCOBS	Gras, das durch ein schonendes Warmluftverfahren getrocknet, zerkleinert und zu ca. 2 cm langen Pellets gepresst wird.	für Allergiker zum Untermischen von Medikamenten Ergänzungsfutter für Senioren, bei Zahnproblemen, Untergewicht	Vitaminverlust durch Trocknung kein 100 % Ersatz für Heu teuer
SILAGE = HEULAGE	Gras, das nach der Blüte geschnitten und angetrocknet wird, bevor es fest gepresst, Silierhilfsmittel bzw. Milchsäurebakterien zugesetzt und unter Luftabschluss in Ballen gewickelt wird. Verwendbarkeit für Pferde muss vom Lieferanten sichergestellt sein.	günstig leicht erhältlich	verdirbt leicht (riecht dann nach Buttersäure) Gefahr Übersäuerung und Entmineralisierung des Körpers, Botulismus, Kolik, Knochenschäden, Immunsystemschädigung hoher Anfall an Plastikmüll

TIPP

Heucobs solltest du nicht in den Liefersäcken lagern, sondern in wasserdichte Tonnen umfüllen. Und Heucobs niemals trocken verfüttern – sie müssen vorher eingeweicht werden!

1

2

3

1 Ein Kilogramm Heucobs ersetzt ein Kilogramm normales Heu. Pro 100 kg Körpergewicht des Pferdes werden 1,5 Kilogramm Cobs gefüttert.

2 Pro einem Kilogramm Heucobs ca. zwei bis drei Liter warmes Wasser zugeben.

3 Bei kühlen Temperaturen über Nacht aufquellen lassen. Bei höheren Temperaturen reicht es, die Heucobs zwei bis drei Stunden einweichen zu lassen.

Zum Stalldienst gehört das Abwiegen, Zubereiten und Füttern der Mash- und Kraftfuttermischungen dazu.

PFERDE BRAUCHEN JEDEN TAG …

	AUFNAHME	AUSSCHEIDUNG
WASSER	30–80 Liter/ Tag	fünf- bis sechsmal pro Tag, Urin typisch und unauffällig im Geruch
RAUFUTTER	8–10 Std./Tag	regelmäßig alle 30 bis 90 Minuten und …
KRAFT-FUTTER	10–20 Min./kg	… Kot in Kugeln geformt, typisch und unauffällig im Geruch

1

2

3

1 Wir verwenden Bergwiesen-Mash von Marstall, das magenschonend ist und keinerlei Getreide oder Melasse enthält.

2 Ein halber Messbecher (500 g) reicht für eine Pony-Mahlzeit. Für ein Warmblut ist die Menge entsprechend größer bemessen. Schau auf die Empfehlung vom Hersteller.

3 Das Bergwiesen-Mash wird mit kaltem Wasser angerührt. Im Winter nehme ich gern warmes Wasser.

MASH ZUBEREITEN

Mash ist ein Zusatzfutter, das traditionell aus Quetschhafer, Leinsamen, Weizenkleie und Wasser zusammengerührt und lauwarm verfüttert wird. Es empfiehlt sich für Pferde im Haarwechsel, für kranke und schwache Pferde, für säugende Stuten und bei überdurchschnittlicher Beanspruchung. Mash ist ideal für Pferde mit Verdauungsstörungen, weil es magenschonend ist. Bitte deinen Tierarzt befragen.

Rezept: 1 kg Haferflocken, 100 g Leinsamen, 500 g Weizenkleie und einen Teelöffel Salz mit warmem Wasser vermischen und umrühren. Den Leinsamen vorher eine Stunde in Wasser köcheln lassen, damit er aufquillt. Alternativ geschroteten Leinsamen verwenden, er ist aber nicht so lange haltbar.

Valoo liebt Bananen – wie auch ganz viele andere Pferde!

Eine Mandarine und eine Banane täglich können eine leckere Leckerli-Alternative sein.

LECKERLI	EMPFEHLUNG	INHALTSSTOFFE
ÄPFEL	1 bis 2 Äpfel pro Tag	Pektine – für die Verdauung Vitamin C – für das Immunsystem
BANANEN	1 Banane pro Tag	Pektine – für die Verdauung Kalium – für Wasserhaushalt, Nerven- und Muskelsystem
MANDARINEN	1 Mandarine pro Tag	Vitamin C – für das Immunsystem Kalium – für Wasserhaushalt, Nerven- und Muskelsystem Vitamin B – für Blutbildung und Stoffwechsel
MÖHREN	1 bis 2 Möhren pro Tag	Carotin – wird in Vitamin A umgewandelt, Hautbildung, Stoffwechsel Kalium – für Wasserhaushalt, Nerven- und Muskelsystem Ballaststoffe – für die Verdauung
ROTE BEETE	1–2 Knollen pro Tag	Vitamine A, C, B – für das Immunsystem, Stoffwechsel Folsäure – für Stoffwechsel, Wachstumsprozesse Eisen – für die Blutbildung

ÄPFEL, MÖHREN & CO.

Pferde-Leckerli gibt es in vielen Sorten, aber du kannst dein Pferd auch mit Gemüse und Obst belohnen oder etwas Gutes tun. Übrigens trainiere ich meine Pferde ohne Futterbelohnung. Mehr dazu auf Seite 86.

SCHWARZKÜMMEL

Schwarzkümmel hat viele positive Wirkungen auf den Pferdeorganismus. Es unterstützt die Haar- und Hautbildung und kann bei Sommerekzem das Hautbild verbessern. Auch für die Zeit des Fellwechsels ist es ein guter Tipp. Die Funktion der Atemwege wird unterstützt. Und bei Verdauungsproblemen kann eine Schwarzkümmelkur ebenfalls hilfreich sein. Schwarzkümmel in Form von Öl oder Samen aber bitte nicht dauerhaft anwenden.

Hacks

Öl: Dem Öl wird eine antibakterielle, pilztötende und entzündungshemmende Wirkung zugesprochen. Täglich 20 ml Öl (= circa ein Esslöffel für ein Großpferd, Ponys die Hälfte) dem Futter beigeben.

Samen: Die Samen unterstützen Stoffwechsel, Atmungssystem und Hautbildung wie oben beschrieben. Täglich 60 bis 100 g Samen (für ein Großpferd, Ponys die Hälfte) dem Futter beimischen.

Ich mische die Schwarzkümmelsamen unter den Hafer.

TIPPS & TRICKS

BODENARBEIT & REITEN

DIE JUNGS-TRUPPE!

Matthes in der Freiheitsdressur mit den Wallachen Dealer und Voody sowie dem Shettyhengst Cody.

Mehr Spaß mit dem Pferd!

Abwechslung im Alltag mit den Pferden macht einen großen Unterschied für die Motivation – für dein Pferd und für dich. Ein paar meiner Ideen fürs Reiten und die Frei- und Bodenarbeit findest du hier.

AUSREITEN

Mein Bruder und ich haben das Glück, ein kleines Ausreitgelände gleich vor der Stalltür zu haben. Mit Valoo bin ich regelmäßig im Gelände und genieße das sehr.

Hacks

Gemeinschaft: Ausreiten solltest du mindestens zu zweit, falls etwas passiert. Pferde sind ohnehin lieber in Gesellschaft unterwegs – und auch dir macht es bestimmt mehr Spaß, mit einer Freundin auszureiten. Wenn du doch mal allein unterwegs bist, solltest du ein Handy mitnehmen und im Stall Bescheid sagen, welche Strecke du nimmst und wann du spätestens zurück sein wirst.

Equipment: Immer den korrekten Sitz von Sattelpad, Sattel und Sattelgurt überprüfen, bevor es losgeht. Und kontrollieren, ob alle Schnallen am Zaumzeug geschlossen sind. Helm, Handschuhe und gegebenenfalls eine Schutzweste tragen.

1 Ohne Zaumzeug, das solltet ihr nicht gleich nachmachen! Wir trainieren das seit langer Zeit und sind auf unserem Weg abgeschirmt vom Straßenverkehr.

2 Galopp! Dabei geht's zwischendurch schon mal richtig rund – aber wir haben sehr viel Spaß und immer die Kontrolle, um anhalten zu können.

1

2

TIPP

Die Straßenverkehrsordnung sagt: Verschmutzungen müssen vom Verursacher entfernt werden. Also absteigen und die Pferdäpfel mit dem Fuß in den Straßengraben schieben – oder du gehst gleich nach dem Ritt zurück und beseitigst den Mist.

Reiten: Erst mal 10 bis 20 Minuten Schritt gehen, dann kommen Trab und Galopp. Im Gelände Leichttraben, regelmäßig den Fuß wechseln und im Galopp in den leichten Sitz gehen. Der Boden bestimmt die Geschwindigkeit, also kein Trab und Galopp auf zu hartem oder zu weichem Untergrund.
Fußgänger: Im Schritt an Fußgängern vorbeireiten und freundlich grüßen!
Verkehr: Als Reiter bist du ein Verkehrsteilnehmer wie ein Auto. Du musst also auf der rechten Straßenseite reiten oder auf Reitwegen, die entsprechend beschildert sind. Welche land- oder forstwirtschaftlichen Wege du im Gelände benutzten darfst, ist in jedem Bundesland anders geregelt, da musst du dich vor dem Ritt informieren.
Beleuchtung: Sobald es dämmrig und dunkel wird, musst du nach hinten ein rotes und nach vorn ein weißes Licht leuchtend dabeihaben. In der Dämmerung helfen auch Reflektoren, die es als Reitwesten oder auch als Pferdezubehör (Decken, Gamaschen etc.) gibt.

DRESSURREITEN

Dressurreiten auf dem Reitplatz gehört natürlich zu meinem Training dazu. Ich bin mit Valoo bereits in diversen Dressurprüfungen gestartet, er ist ja nicht „nur“ ein Showpferd.

Hacks

Warmmachen: Ich schreibe gerade meine Masterarbeit für das Lehramtsstudium Sport, die die Vermittlung von Lehrstoff mit Filmen behandelt. Ich habe mir Aufwärmübungen für den Reiter herausgesucht, die mit dem Pferd an der Hand auszuführen sind.

1

2

1 Galopp auf dem Hufschlag

2 Gestellt und gebogen auf dem Zirkel

Frisch voran – als Vorbereitung für die Stangenarbeit

Hopserlauf, auf den Fersen und Hacken laufen oder Armkreisen bringt den Kreislauf in Schwung, macht locker und fit.

Schritt: 10 bis 20 Minuten Schritt am Anfang jeder Stunde sind Pflicht für die Gesundheit der Gelenke des Pferdes. Zu Beginn starte ich mit einer Schrittphase von mindesten zehn Minuten, bei der ich neben und auf dem Pferd meine Aufwärmübungen absolviere. Während des Schrittreitens kontrolliere ich die Lenkung über meine Schenkel- und Gewichtshilfen, ohne den Zügel zu nutzen: ganze Bahn, Zirkel, viele Handwechsel, einfache Schlangenlinien und Schenkelweichen.

Trab: Leichttraben ist in der Lösungsphase angesagt. Auch jetzt reite ich große Wendungen, viele Handwechsel und in die Dehnung.

Galopp: Wie im Trab ist auch der Galopp auf beiden Händen wichtig zum Lösen.

Arbeitsphase: Ich überlege mir für jede Dressurstunde eine Zielsetzung. Das kann Stangenarbeit sein, fliegende Galoppwechsel oder auch das Reiten ohne Zaumzeug.

REITEN MIT BALANCEZÜGEL

Als Vorbereitung auf das Reiten ohne Zaumzeug, bietet sich das Reiten mit Balancezügel oder Halsring an.

Balancezügel selbst gemacht: Ein ca. 1 cm starkes und ca. 4 m langes Bergsteiger- oder Seglerseil wird durch das „Häkeln" von Luftmaschen zu einem breiteren Zügel. Die Länge solltest du an dein Pferd anpassen. Die Enden werden mit einem Sicherheitsknoten verbunden.

1.
Hier siehst du die Schlaufen des Balancezügels, die wie die Luftmaschen beim Häkeln aufgenommen werden.

2.
Das Kombinieren von Zaumzeug und Balancezügel hilft am Anfang, Sicherheit zu gewinnen.

3.
Nach und nach reduziere ich die Einwirkung über die Trense und wirke nur noch mit dem Balancezügel ein. Entscheidend ist, das Pferd über Sitz, Gewichtsverlagerung und Schenkelhilfen kontrollieren zu können.

4.
Falls Valoo mit dem Kopf und Hals zu tief kommt, gebe ich an der Halsmitte Impulse, um ihn aufzurichten.

5.
Hier ist die Dehnung super! Einfach ein geniales Gefühl, so frei zu reiten.

PRAKTISCHE TÖPFCHEN

Wusstest du, dass sich Kindertöpfchen hervorragend als Unterlagen für Stangen eignen? Sie verhindern das Wegrollen, sind sehr stabil, leicht zu reinigen und preisgünstig.

TRAINING MIT STANGEN

Das Reiten über Trainingsstangen ist motivierend für Pferd und Reiter. Das Pferd lernt hinzuschauen, die Beine zu heben und die Bauchmuskeln anzuspannen. Als Reiter hast du die Aufgabe, den Weg zu bestimmen – die Mitte der Stangen anreiten – das Pferd nicht zu stören und dir verschiedene Aufgaben zu überlegen.

Hacks

Anzahl: Ein und zwei Stangen sind für den Anfang sinnvoll, um dein Pferd oder Pony daran zu gewöhnen. Je besser das Training klappt, desto mehr Stangen kannst du kombinieren. Drei bis sechs Stangen können auf der Diagonalen liegen, so kannst du auf beiden Händen üben und der Hufschlag bleibt frei.

Aufbau: Die Stangen können auch auf einer Zirkellinie platziert sein. Die Anordnung auf gebogener Linie ist besonders sinnvoll, wenn mehrere Reiter mit verschieden großen Pferden oder Ponys in der Bahn sind, weil sich dann jeder den passenden Abstand suchen kann – innen ist der Stangenabstand enger als außen.

Quadrat: Die Stangen in Quadratform aufzubauen bietet diese Möglichkeiten: darüber reiten, außen herum, um das Pferd an den Ecken jeweils halbe Kurzkehrt gehen zu lassen oder innen im Quadrat eine Volte zu reiten. Handwechsel nicht vergessen!

INFO

Stangen-Abstand für Ponys und Pferde

Schritt:
ca. 0,60 - 0,80 m

Trab:
ca. 1,00 - 1,30 m

Galopp:
ca. 2,80 - 3,50 m

1

2

1 Mit einem Galoppsprung über die erste Stange.

2 Landen und mit einem Galoppsprung weiter zur nächsten Stange.

ZÜGEL SELBST FLECHTEN

Wenn du Spaß am Selbermachen hast, kannst du dir deine eigene Zügel-Kreation flechten. Die PP-Flechtleinen sind im Internet in vielen Farben zu bestellen. Hier sind es drei Farben: Je fünf Meter Flechtleine in Goldbraun, Bordeaux und Petrol. Mit einer Schlaufe wird der Zügel später am Trensenring befestigt und mit der Schnalle geschlossen.

1.

Du brauchst: 12 x 2,5 m lange, 4 mm starke Flechtleinen, zwei Doppelstegschnallen, eine Schere, ein Feuerzeug und ein Maßband. Zuerst schneidest du die Flechtleinen auf je 2,5 m Länge, jeweils zwei haben dieselbe Farbe. Beide Enden der Leinen erhitzt du mit dem Feuerzeug, damit das Material schmilzt und die Fasern nicht mehr aufdröseln.

2.

Die sechs Leinenenden werden zusammengeschmolzen – je zwei in einer Farbe nebeneinander. Achtung beim Erhitzen: Wenn du zu lange mit dem Feuerzeug erhitzt, bildet sich ein zu großer Pfropfen, der dann nicht mehr durch die Schnalle passt. Wenn das Leinenende abgekühlt ist, je zwei Leinen fest und sorgfältig zusammenflechten.

3.

Wenn 15 cm erreicht sind, wird die Schnalle eingezogen. Drei Leinen über den Steg ziehen, danach wie vorher weiterflechten. Die gleichen Arbeitsschritte machst du mit dem zweiten Zügel.

4.

Bei etwa 40 cm Leinenende ist das Flechten abgeschlossen und du kannst die Enden sichern, indem du eine der Leinen nach oben führst, sie mehrfach herumwickelst und oben in der entstandenen Schlaufe festziehst. Danach alle Seile auf eine Länge zuschneiden und verschmelzen. Für geschlossene Zügel werden alle 12 Leinen zusammengeflochten, also vier goldbraune-, vier petrol- und vier bordeauxfarbene Leinen zu einem Strang zusammenflechten. Das Ende wie bei den einzelnen Zügeln durch das Hochführen einer Leine umwickeln und festziehen.

FREIARBEIT

Hast du Lust, mit deinem Pferd frei zu trainieren? Das ist gar nicht so schwer, du must dich einfach trauen, es auszuprobieren. Lass dein Pferd auf einem umzäunten Reitplatz frei. Schau erst mal, was passiert. Wo geht es hin? Wie kannst du seine Aufmerksamkeit gewinnen? Lauf von deinem Pferd weg, um es herum oder auf es zu. Kannst du es motivieren, mit dir mitzugehen? Ich lobe grundsätzlich nicht mit Leckerlis, sondern motiviere meine Pferde durch meine positive Stimmung, mit viel Stimmlob und Streicheln.

1

1 Valoo galoppiert mit mir gemeinsam. Das haben wir zuerst im Schritt und Trab probiert, bis es wie hier sogar auf der Weide funktioniert. Mit Timing, Gefühl, Stimm- und Streichellob konnte ich erreichen, dass Valoo gern mitmacht.

2 Das Hinlegen zeigt mir, wie sehr mir Valoo vertraut. Er liegt entspannt und genießt die Streicheleinheiten. Trotzdem bleibe ich konsequent und lasse ihn nicht wälzen. Das würde für mich in dieser Situation zu gefährlich werden. Bitte bleib zunächst immer nur auf der Rückenseite des Pferdes und leg dich nicht zwischen die Beine. Dafür sind Pferde einfach doch Fluchttiere, die nicht erst nachfragen, ob sie aufschrecken können.

3 Valoo bleibt liegen, bis ich ihn bitte, wieder aufzustehen. Ich kann mit ihm kuscheln und er kann sich sogar so entspannen, dass er die Augen schließt.

2

3

SHOW-TRAINING

Diese Showbild haben wir schon mal auf einer Messe gezeigt:
Dealer, Matthes und ich sitzen am Tisch – und Cody macht eine Levade.

Mein Motto:

„Konsequent, aber freundlich!“

Ich hoffe, du hast beim Durchblättern und Lesen des Buches einige Anregungen und Ideen für dein Leben mit Pferden gefunden. Ich möchte zeigen, wie viel Spaß die Alltagsaufgaben im Stall und das Versorgen der Pferde bringen kann. Eines meiner Ziele ist es auch zu vermitteln, dass Sportpferde Vertrauen und Spaß an der Arbeit haben können. Die Bodenarbeit schließt den Turniersport nicht aus und andersherum kann bzw. sollte mit einem Turnierpferd auch Bodenarbeit gemacht werden.
Das Zirkustraining ist ein wichtiges Thema für mich, das bei guter Anwendung viele positive Einflüsse auf den Pferdekörper hat und das ein besseres Miteinander zwischen dir und deinem Pferd entstehen lässt.

Das Pferd als Partner

Das Pferd ist dein Sportpartner und nicht dein Sportgerät. Dein Pferd soll Spaß an der täglichen Arbeit haben und mit Neugier und Lebensfreude dabei sein. Hast du dein Pferd erst einmal auf deiner Seite, so wirst du mit ihm zusammen viele Ziele erreichen, auch wenn du hohe Leistung verlangst.

Durch mein Sportstudium weiß ich, wie wichtig die körperliche Fitness eines Reiters ist. Ich bin der Meinung, dass Reiter sich genau wie andere Sportler aufwärmen und dehnen sollten, bevor sie den Pferderücken besteigen. In jeder anderen Sportdisziplin zählt das Aufwärmprogramm zum täglichen Training dazu. Warum läufst du dich nicht zusammen mit deinem Pferd warm und erleichterst dir somit das Training? Auch du brauchst Kondition, um deinem Pferd gerecht zu werden. Körperspannung und Körpergefühl sind wichtige Aspekte, die eine gute Verständigung mit dem Pferd positiv beeinflussen.
Es gibt so viele Themen, die du im Reitsport beachten solltest und klar, passieren auch mir jeden Tag Fehler. Doch das macht uns Menschen aus und zeigt, dass keiner von uns perfekt ist.
Trotzdem kannst du dir über dein Handeln Gedanken machen und hier und dort Kleinigkeiten zum Wohlergehen deines Pferdes verbessern. Ich wünsche dir viel Freude mit deinem Pferd!

Deine Lisa

Service

NÜTZLICHE ADRESSEN

Lisa Röckener
E-Mail: kontakt@lisaroeckener.de
Internet: lisaroeckener.de

Animalon GmbH
Pferdepflege-Produkte
Tel.: 02 11 – 695 089 78
E-Mail: service@animalon.e
Internet: animalon.de

B & E
Pferdepflege-Produkte
Tel. 055 61-319 990
E-Mail: info@bense-eicke.de
Internet: bense-eicke.de

artps
Equipment Pflechtzubehör
Tel.: 0151 – 640 122 11
E-Mail: mail@artps.de
Internet: artps.de

Glücksfieber
Schmuckbastel-Zubehör
E-Mail: kundenservice@gluecksfieber.de
Internet: gluecksfieber.de

marc-lubetzki.de
Wissen über wildlebende Pferde: Marc Lubetzki ist Tierfilmer und zieht aus seinen Beobachtungen von wild lebenden Pferde Rückschlüsse darauf, wie wir pferdegerecht handeln können.

pferdsein.de
Marlitt Wendt ist Verhaltensbiologin und veröffentlicht in ihrem Blog wöchentlich wichtige Denkanstöße rund um einen pferdegerechten Umgang.

wege-zum-pferd.de
Tania Konnerth und Babette Teschen zeigen auf ihrer Website pferdegerechte Wege der Ausbildung.

ZUM WEITERLESEN

Gösmeier, Ina: **Die fünf Pferdetypen in der traditionellen Chinesischen Medizin**; KOSMOS 2019
Die Traditionelle Chinesische Medizin (TCM) mit ihrem ganzheitlichen Ansatz bietet hervorragende Möglichkeiten, sein Pferd gesundheitlich zu stabilisieren. Die Tierärztin und TCM-Expertin Dr. Ina Gösmeier beschreibt in diesem Ratgeber die fünf Pferdetypen und ihre individuelle Behandlung. Sie zeigt, wie man sein Pferd einem Typ zuordnet und dementsprechend gesundheitliche und Verhaltensprobleme selbst lösen kann. Mit Rezepten für die Kräuterfütterung, Akupressurgriffen und vielen Fallbeispielen. Auch als E-Book erhältlich.

Hansen, Annica: **Ponyliebe, Mein Leben mit den Pferden**, KOSMOS 2019
Ponyliebe handelt von Annica Hansens Liebe zu Pferden und ist wie ein YouTube-Kanal zum Lesen. Dabei sind Wölbchen und Canto, ihre Ponys, natürlich die eigentlichen Stars. Annica verrät euch Trainingstipps, zeigt ihre Lieblingsübungen bei der Bodenarbeit, backt Lieblingsleckerlis selber, erzählt euch etwas über ihre Lieblingsapps, erklärt wie ihr ein gutes YouTube Video dreht. Auch als E-Book erhältlich.

Klimke, Ingrid: **Cavaletti, Dressur und Springen**; KOSMOS 2018
Jedes Pferd, egal in welcher Disziplin es geritten wird, profitiert von der Arbeit mit Cavaletti. Für Olympiasiegerin und Reitmeisterin Ingrid Klimke ist das Reiten über Bodenricks ein Schlüssel zum Erfolg. Cavaletti-Training verbessert die Grundgangarten, fördert Takt und Losgelassenheit und steigert zudem die Fitness des Pferdes und seine Motivation. Dieser Ratgeber zeigt die Cavaletti-Arbeit an der Longe, liefert wertvolle neue Anregungen für die Dressurarbeit sowie zahlreiche Aufbauskizzen für die Springgymnastik.

Meyners, Eckhart: **Wie bewegt sich der Reiter?**, Bewegungsabläufe verstehen Sitz & Hilfengebung verbessern; KOSMOS 2016
Der Bewegungsexperte Eckhart Meyners gibt einen Überblick über die Anatomie des Reiters auf Basis neuster wissenschaftlicher Erkenntnisse und macht verständlich, was beim Reiten im Körper passiert. Er schlägt Faszienübungen vor, die helfen Haltung, Fitness und Beweglichkeit zu verbessern. Auch als E-Book erhältlich.

Roida, Kathrin: **Gymnastizieren an der Hand**; KOSMOS 2017
Die Arbeit an der Hand fördert Konzentration, Körpergefühl, Selbstbewusstsein und Gesundheit der Pferde. Kathrin Roida zeigt, wie man Jungpferde, gesunde Reitpferde, Korrektur- und Rehabilitationspferde typ- und altersgerecht trainiert. Wichtige Lektionen werden von einer Osteopathin beurteilt, die biomechanische Zusammenhänge erklärt. Auch als E-Book erhältlich.

Schöpe, Sigrid: **Zirkustricks mit Pferden**, Gymnastizieren, Motivieren, Partnerschaft stärken, KOSMOS 2018
Zirkusarbeit begeistert alle! Egal ob Westernpferd oder Dressurcrack: Die Übungen bringen Abwechslung in den Trainingsalltag und stärken die Partnerschaft zwischen Pferd und Reiter. Dieses Buch zeigt die Vielfalt der Zirkusarbeit, von kleinen Tricks wie „Mützenklau" und „Decke ausziehen" bis zu anspruchsvollen Lektionen wie „Kompliment" und „Liegen". Die erfahrene Trainerin Sigrid Schöpe hat eine besondere Gabe, die Übungen einfach und nachvollziehbar zu erklären, und verrät die kleinen Kniffe, die für den Erfolg entscheidend sind. Auch als E-Book erhältlich.

Teschen, Babette/Konnerth, Tania: **Praxiskurs Bodenarbeit**; KOSMOS 2013
Einen pferdegerechten, positiven und sanften Weg im Umgang mit ihrem Pferd suchen viele Pferdefreunde. Babette Teschen und Tania Konnerth zeigen, wie die Übungen Schritt für Schritt funktionieren und erklären stets auch das „Warum". Sie beginnen bei den Basisübungen über Spiel, Longieren und Gymnastizierung bis zur Freiarbeit. Auch als E-Book erhältlich.

van de Kasteele, Ilja: **Was denkt mein Pferd?**, Fotoratgeber; KOSMOS 2017
Der erfahrene Pferdemann und Fachjournalist Ilja van de Kasteele zeigt mit vielen Fotos und kurzen Texten, was Pferden wichtig ist. Mit etwas Übung kann man leicht die Wünsche und Bedürfnisse des Vierbeiners erkennen. Das macht es einfach, das eigene Verhalten so anzupassen, dass auch das Pferd den Menschen versteht und beide respekt- und vertrauensvoll miteinander umgehen. Auch als E-Book erhältlich.

Wittek, Cornelia: **Heilpflanzen und Hausmittel für Pferde**, Wirkung, Anwendung, Rezepte; KOSMOS 2019
Algen, Teufelskralle, Zinnkraut & Co. helfen nicht nur dem Menschen, auch bei Pferden werden sie erfolgreich angewandt. Von A bis Z liefert dieses Buch alles Wichtige zu Wirkung und Anwendung von rund 80 Haus- und Heilmitteln. Mit den besten Tees, gesunden Pflanzenölen und pferdegeeignetem Obst kommen Pferde gesund und vital durchs Jahr. Auch als E-Book erhältlich.

REGISTER

BILDNACHWEIS

Die Fotos auf Seite 23, 40, 41, 84, 85 sind von Gudrun Braun. Alle anderen Fotos wurden von Pauline von Hardenberg für dieses Buch aufgenommen.

IMPRESSUM

Umschlaggestaltung von Claudia Eder unter Verwendung von 11 Farbfotos von Pauline von Hardenberg/KOSMOS Verlag.

Mit 139 Farbfotos.

Alle Angaben in diesem Buch erfolgen nach bestem Wissen und Gewissen. Sie entbinden den Pferdehalter nicht von der Eigenverantwortung für sein Tier. Autorin und Verlag übernehmen keinerlei Haftung für Personen-, Sach- und Vermögensschäden, die aus der Anwendung der vorgestellten Materialien und Methoden entstehen können.

Unser gesamtes Programm finden Sie unter **kosmos.de.**
Über Neuigkeiten informieren Sie regelmäßig unsere Newsletter, einfach anmelden unter **kosmos.de/newsletter**

Gedruckt auf chlorfrei gebleichtem Papier

ISBN 978-3-440-16774-8
Redaktion: Alexandra Haungs, Gudrun Braun
Gestaltung und Satz: Atelier Krohmer, Dettingen/Erms
Produktion: Claudia Frank
Druck und Bindung: Westermann Druck Zwickau GmbH, Zwickau
Printed in Germany / Imprimé en Allemagne

FSC®
www.fsc.org
MIX
Papier | Fördert gute Waldnutzung
FSC® C110508